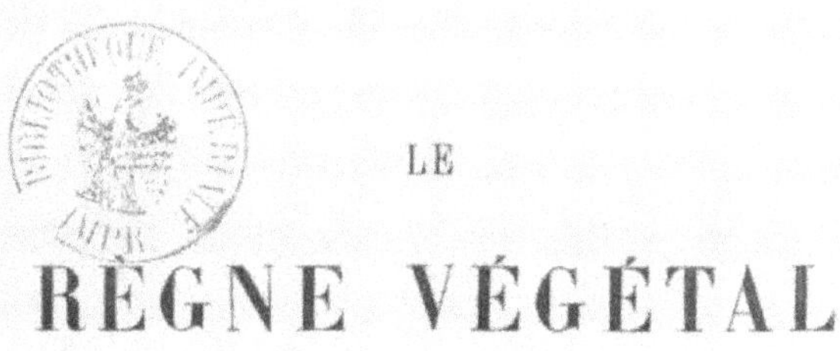# LE
RÈGNE VÉGÉTAL

ATLAS ICONOGRAPHIQUES

Paris. — Imprimerie de P.-A. Bourdier et Cie, rue Mazarine, 30.

LE
RÈGNE VÉGÉTAL

DIVISÉ EN

TRAITÉ DE BOTANIQUE GÉNÉRALE, FLORE MÉDICALE ET USUELLE

HORTICULTURE BOTANIQUE ET PRATIQUE

(PLANTES POTAGÈRES, ARBRES FRUITIERS, VÉGÉTAUX D'ORNEMENT)

PLANTES AGRICOLES ET FORESTIÈRES

HISTOIRE BIOGRAPHIQUE ET BIBLIOGRAPHIQUE DE LA BOTANIQUE

PAR MM.

A. DUPUIS
professeur d'histoire naturelle,
ancien professeur de botanique et de sylviculture
à l'institut agronomique de Grignon,
membre de plusieurs Académies
et Sociétés savantes, etc.

FR. GÉRARD
botaniste - micrographe,
membre de plusieurs Sociétés savantes, l'un des
collaborateurs du Dictionnaire
d'histoire naturelle.

O. REVEIL
docteur en médecine,
pharmacien en chef des hôpitaux,
professeur agrégé à la Faculté de médecine de Paris
et à l'École supérieure de pharmacie,
membre de plusieurs Sociétés savantes, etc.

F. HÉRINCQ
botaniste attaché au Muséum d'histoire naturelle,
rédacteur en chef de l'Horticulteur français,
membre de plusieurs Sociétés
savantes, etc.

ET D'APRÈS LES TRAVAUX DES PLUS ÉMINENTS BOTANISTES FRANÇAIS ET ÉTRANGERS

Formant (avec l'Histoire de la Botanique)

Dix-sept beaux volumes

dont neuf volumes grand in-8° jésus de textes

ET HUIT ATLAS PETIT IN-QUARTO DE PLANCHES GRAVÉES

(Les atlas renfermant, avec des textes descriptifs en regard)

PLUS DE 5000 DESSINS DE PLANTES OU DE DÉTAILS BOTANIQUES

FINEMENT COLORIÉS

PARIS

LIBRAIRIE DES SCIENCES NATURELLES

ET DES ARTS ILLUSTRÉS

Théodore MORGAND, libraire-éditeur

RUE BONAPARTE, 3

———

1865

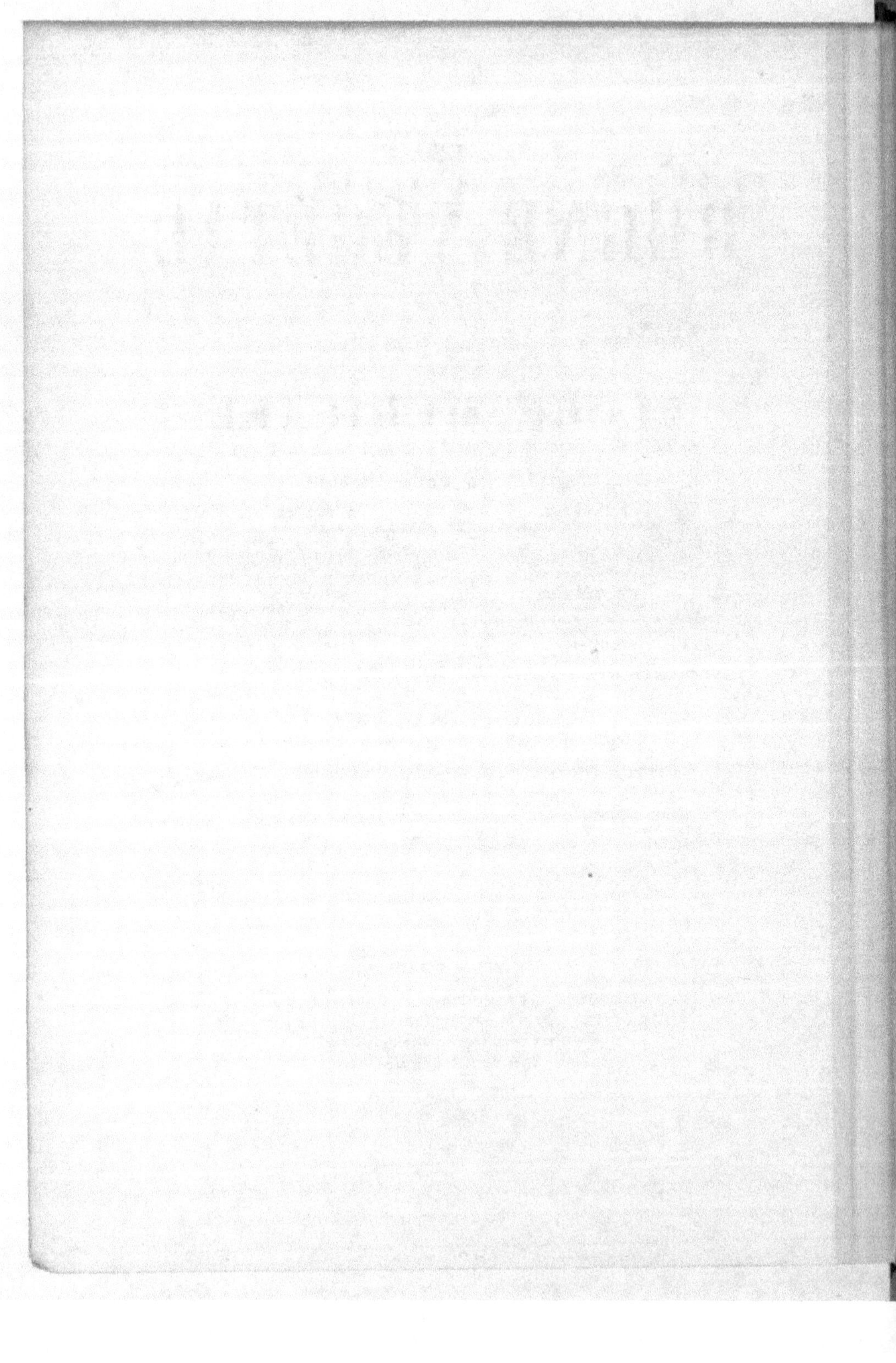

FLORE MÉDICALE

USUELLE ET INDUSTRIELLE

DU XIXᵉ SIÈCLE

ATLAS ICONOGRAPHIQUE DU TOME DEUXIÈME

Paris. — Imprimerie de P.-A. BOURDIER et C°, rue des Poitevins, 6.

FLORE

MÉDICALE

USUELLE ET INDUSTRIELLE

DU XIXe SIÈCLE

PAR MM.

A. DUPUIS
professeur d'histoire naturelle,
ancien professeur de botanique et de sylviculture
à l'Institut agronomique de Grignon,
membre de plusieurs Académies
et Sociétés savantes, etc.
*(Pour la description, l'habitat et la culture
des plantes)*

O. REVEIL
docteur en médecine,
pharmacien en chef des hôpitaux,
professeur agrégé à la Faculté de médecine de Paris
et à l'École supérieure de pharmacie,
membre de plusieurs Sociétés savantes, etc.
*(Pour la partie chimique, la matière médicale
et la thérapeutique)*

DONNANT

LA DESCRIPTION, LA CULTURE, LA COMPOSITION CHIMIQUE

LES PROPRIÉTÉS CURATIVES OU DANGEREUSES, LES USAGES ÉCONOMIQUES

ET INDUSTRIELS DES PLANTES

ATLAS ICONOGRAPHIQUE DU TOME DEUXIÈME

PARIS

LIBRAIRIE DES SCIENCES NATURELLES
ET DES ARTS ILLUSTRÉS
Théodore **MORGAND**, libraire-éditeur
RUE BONAPARTE, 5

ÉPIMÈDE DES ALPES

Epimedium Alpinum (Linné)

(BERBÉRIDÉES.)

La plante entière, moitié de grandeur naturelle.

1. — Fleur, grossie.

2. — Fruit, de grandeur naturelle.

3. — Graine, de grandeur naturelle.

4. — La même, grossie, vue de profil.

5. — La même, vue de face.

(Voir page 9 du tome II de la *Flore médicale*.)

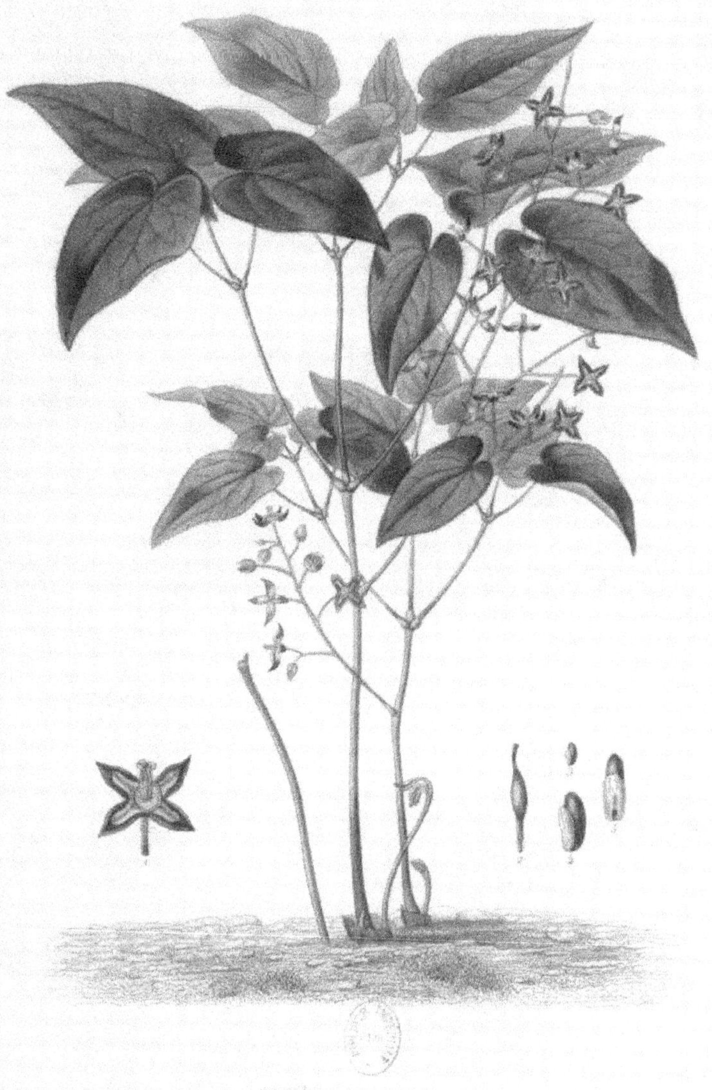

ÉPIMÈDE DES ALPES.

Epimedium alpinum L.

ÉPINE-VINETTE

Berberis vulgaris (Linné)

(BERBÉRIDÉES.)

———

L'arbrisseau entier, montrant des fleurs et des fruits à divers degrés de développement, au $1/10$ de grandeur naturelle.

(Voir page 11.)

ÉPINE-VINETTE COMMUNE.
Berberis vulgaris L.

ERANTHIS

Eranthis hyemalis (Salisb.) *Helleborus hyemalis* (Linné)

(RENONCULACÉES–HELLÉBORÉES.)

La plante entière, montrant les fleurs vues de profil et de face, les organes sexuels et les fruits, de grandeur naturelle.

(Voir page 16.)

ÉRANTHE D'HIVER
Eranthis hyemalis, Salisb.

EUPHORBE

Euphorbia officinarum (Linné)

(EUPHORBIACÉES—EUPHORBIÉES.)

La plante entière, au $\frac{1}{3}$ de grandeur naturelle.

1. — Fleurs mâles, entourant une fleur femelle, grossies.

2. — Fruit mûr, grossi.

3. — Graine, grossie.

4 à 6. — Larmes (suc concrété), vues sous différentes faces.

(Voir page 33.)

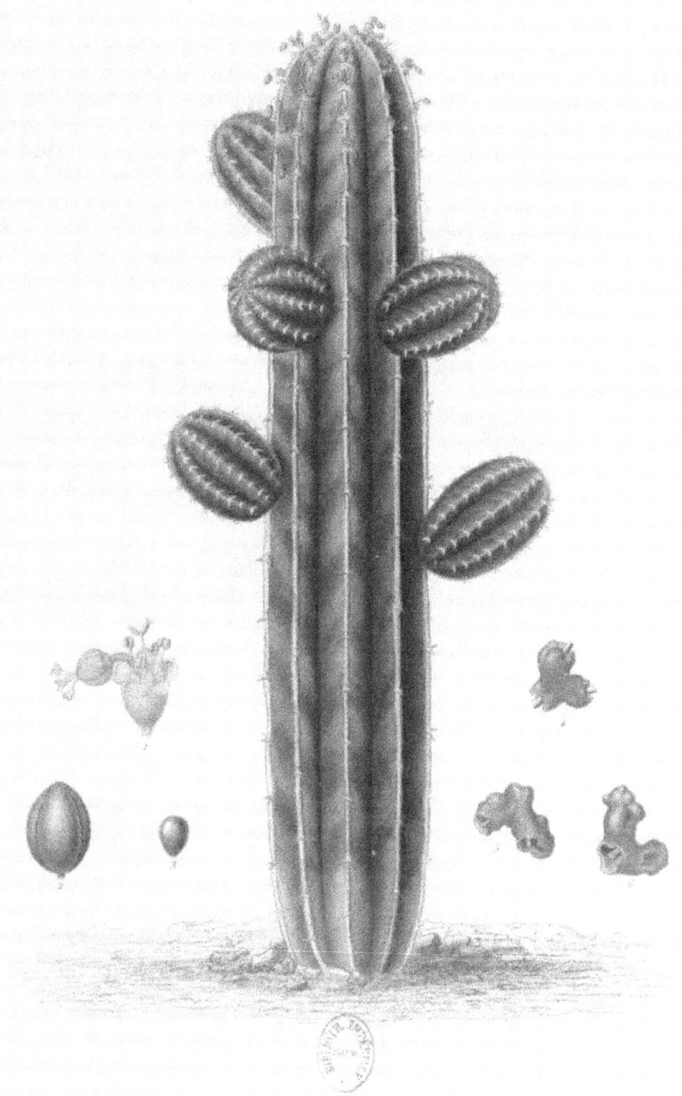

EUPHORBE.

Euphorbia officinarum.

FABAGELLE

Zygophyllum fabago (Linné)

(ZYGOPHYLLÉES.)

La plante entière, au $^1/_2$ de grandeur naturelle.

1. — Fleur, boutons et jeune fruit, de grandeur naturelle.

2. — Fruit mûr, de grandeur naturelle.

3. — Graine, de grandeur naturelle.

4. — La même, grossie.

(Voir page 41.)

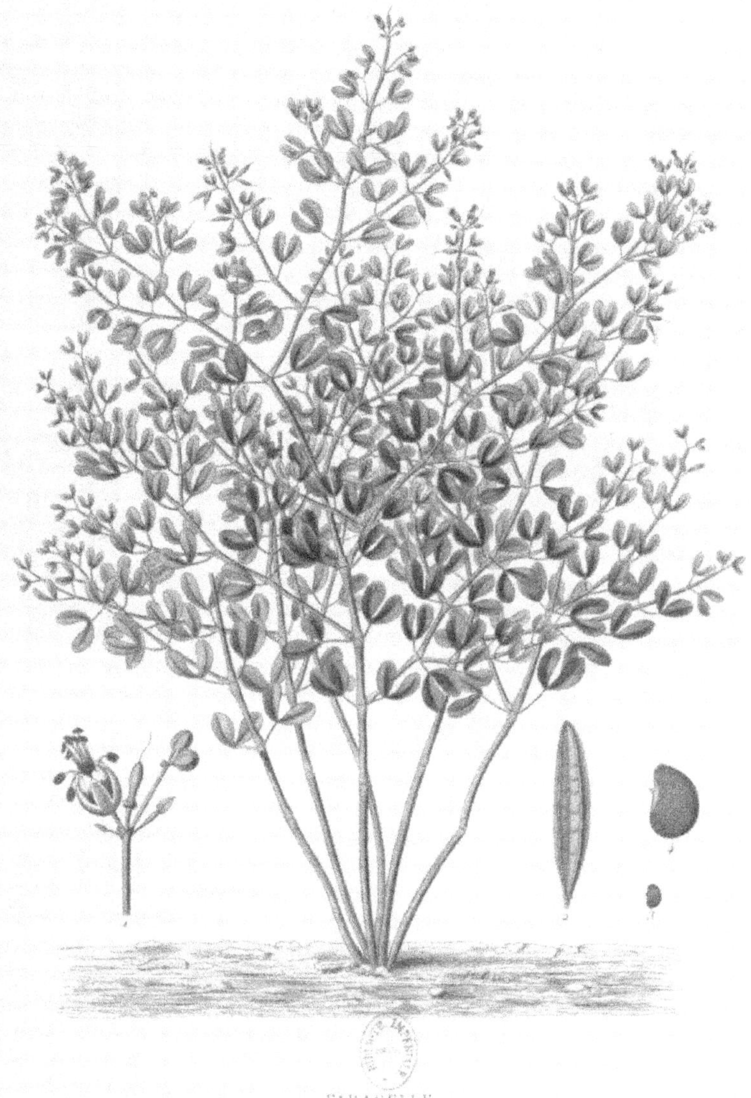

FARAGELLE.

Zygophyllum fabago. L.

FICAIRE

Ficaria ranunculoïdes (D. C.) *Ranunculus ficaria* (Linné)

(RENONCULACÉES—RENONCULÉES.)

———

La plante entière, montrant des fleurs et des fruits à divers degrés de développement, de grandeur naturelle.

(Voir page 50.)

FICAIRE FAUSSE RENONCULE.
Ficaria ranunculoides, D. C.

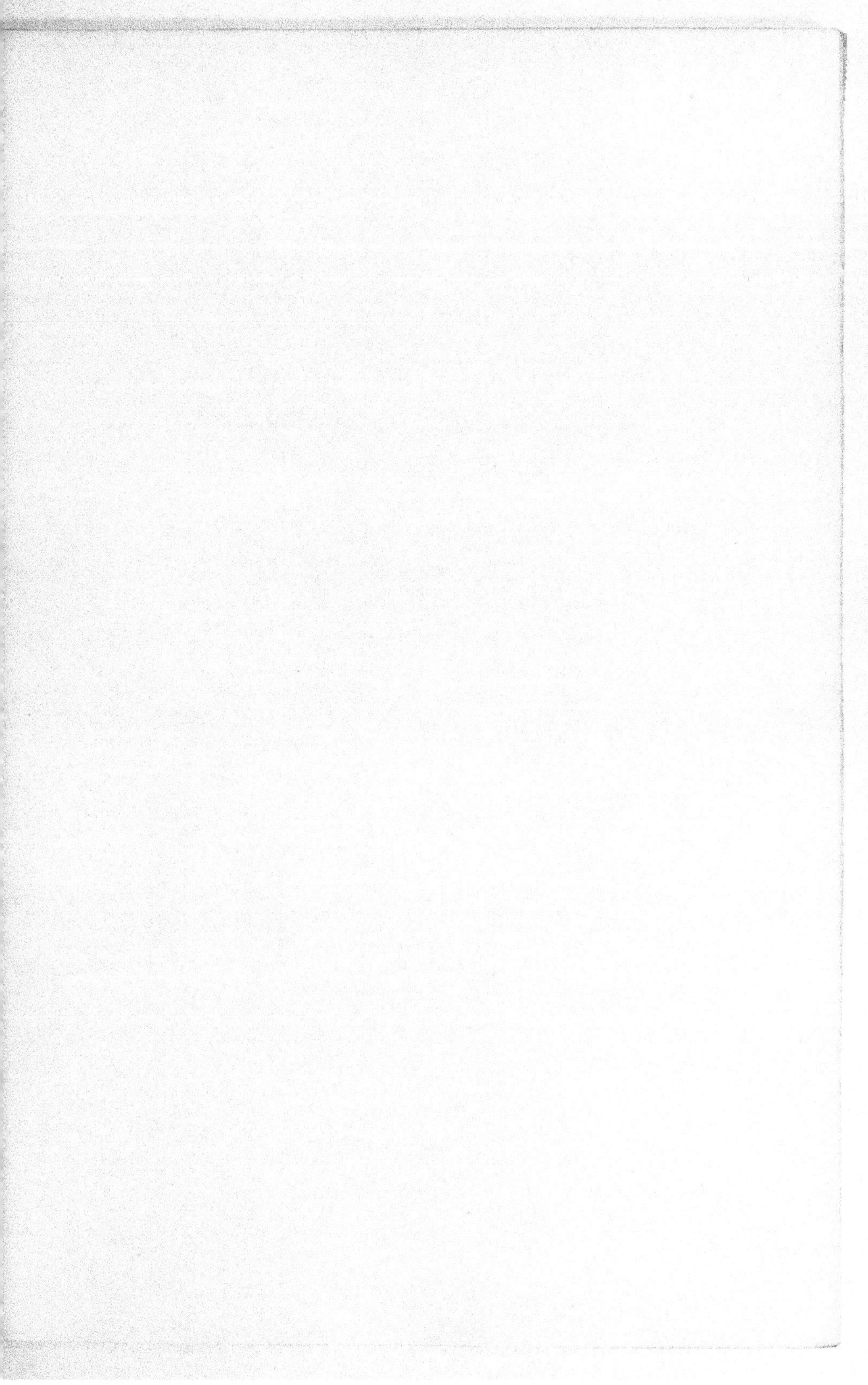

GALANGA

Alpinia galanga (Willd.) *Maranta galanga* (Linné)

(AMOMÉES.)

La plante entière, en fleurs et en fruits, au $^1/_{12}$ de grandeur naturelle.

1. — Fleur isolée, aux $^2/_8$ de grandeur naturelle.

2. — Racines du grand Galanga, de grandeur naturelle.

3. — Racines du petit Galanga, de grandeur naturelle.

(Voir page 70.)

GALANGA.

Alpinia galanga Willd.

GRANDE GENTIANE

Gentiana lutea (Linné)

(GENTIANÉES-CHIRONIÉES.)

La plante entière, au $\frac{1}{8}$ de grandeur naturelle.

1. — Fleur isolée, au $\frac{1}{8}$ de grandeur naturelle.

2. — Racine, au $\frac{1}{3}$ de grandeur naturelle.

3. — La même, coupée transversalement.

(Voir page 88.)

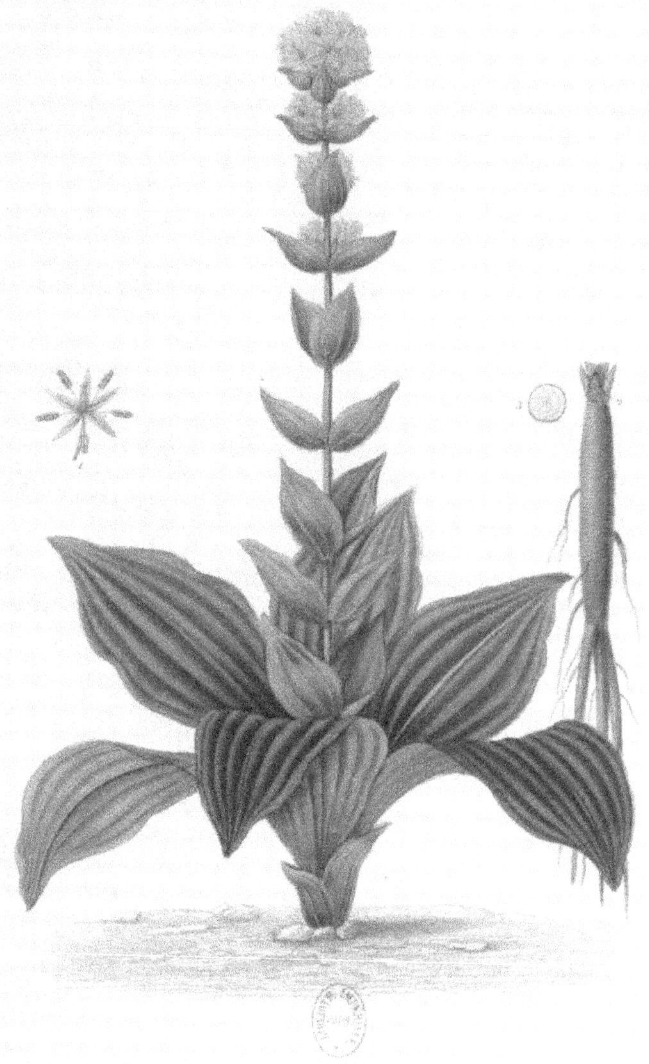

GRANDE GENTIANE.

Gentiana lutea. L.

GINGEMBRE

Amomum zingiber (Linné) *Zingiber officinale* (Rosc.)

(AMOMÉES.)

La plante entière, avec deux spadices, l'un floral, l'autre fructifère ;
au $^1/_4$ de grandeur naturelle.

1. — Une fleur isolée, moitié de grandeur naturelle.

2. — Fruit mûr, de grandeur naturelle.

3. — Graine isolée, grossie.

4 — Fragment de rhizome, réduit.

(Voir page 95.)

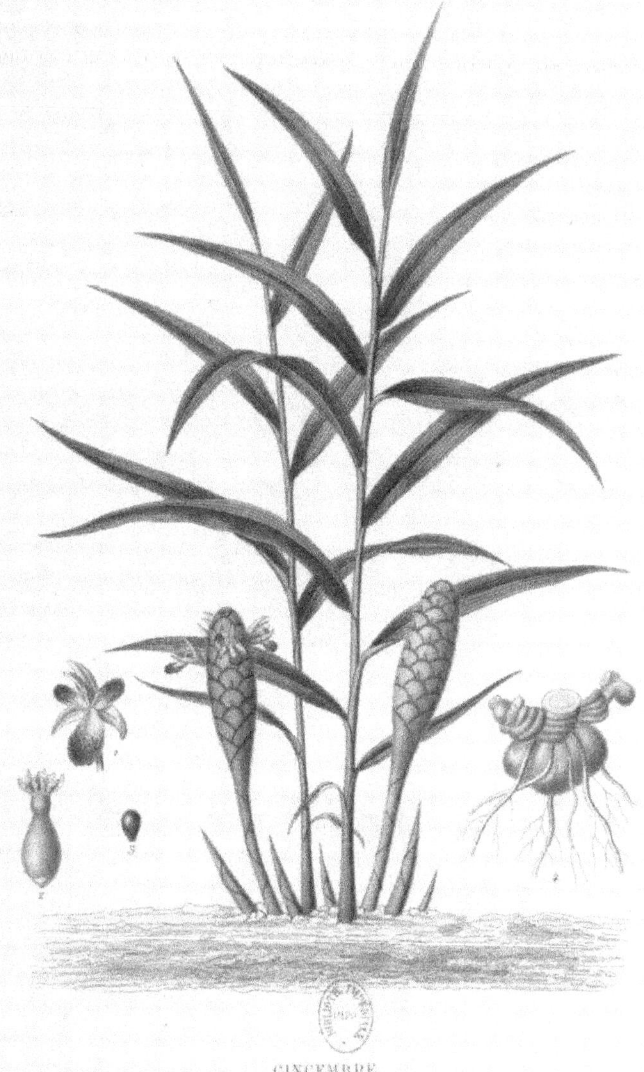

GINGEMBRE.

Amomum Zingiber, L.

GIROFLÉE

Cheiranthus cheiri (Linné)

(CRUCIFÈRES-ARABIDÉES.)

La plante entière, montrant des fleurs à divers degrés de développement, à moitié de grandeur naturelle.

(Voir page 100.)

GIROFLÉE

Cheiranthus cheiri L.

GIROFLIER

Caryophyllus aromaticus (Linné)

(MYRTACÉES-MYRTÉES.)

———

L'arbre entier, au $\frac{1}{50}$ de grandeur naturelle.

1. — Groupe de fleurs, moitié de grandeur naturelle.

2. — Fleur isolée, de grandeur naturelle.

3. — Bouton desséché (Clou de girofle), de grandeur naturelle.

(Voir page 102.)

GIROFLIER

Caryophyllus aromaticus, L.

GRATIOLE

Gratiola officinalis (Linné)

(PERSONÉES-GRATIOLÉES.)

La plante entière, montrant des tiges et des fleurs à divers degrés de développement, au $\frac{1}{3}$ de grandeur naturelle.

1. — Fleur isolée, de grandeur naturelle.

2. — Fruit mûr, grossi deux fois.

3. — Graines, très-grossies.

(Voir page 115.)

GRATIOLE.

Gratiola officinalis. L.

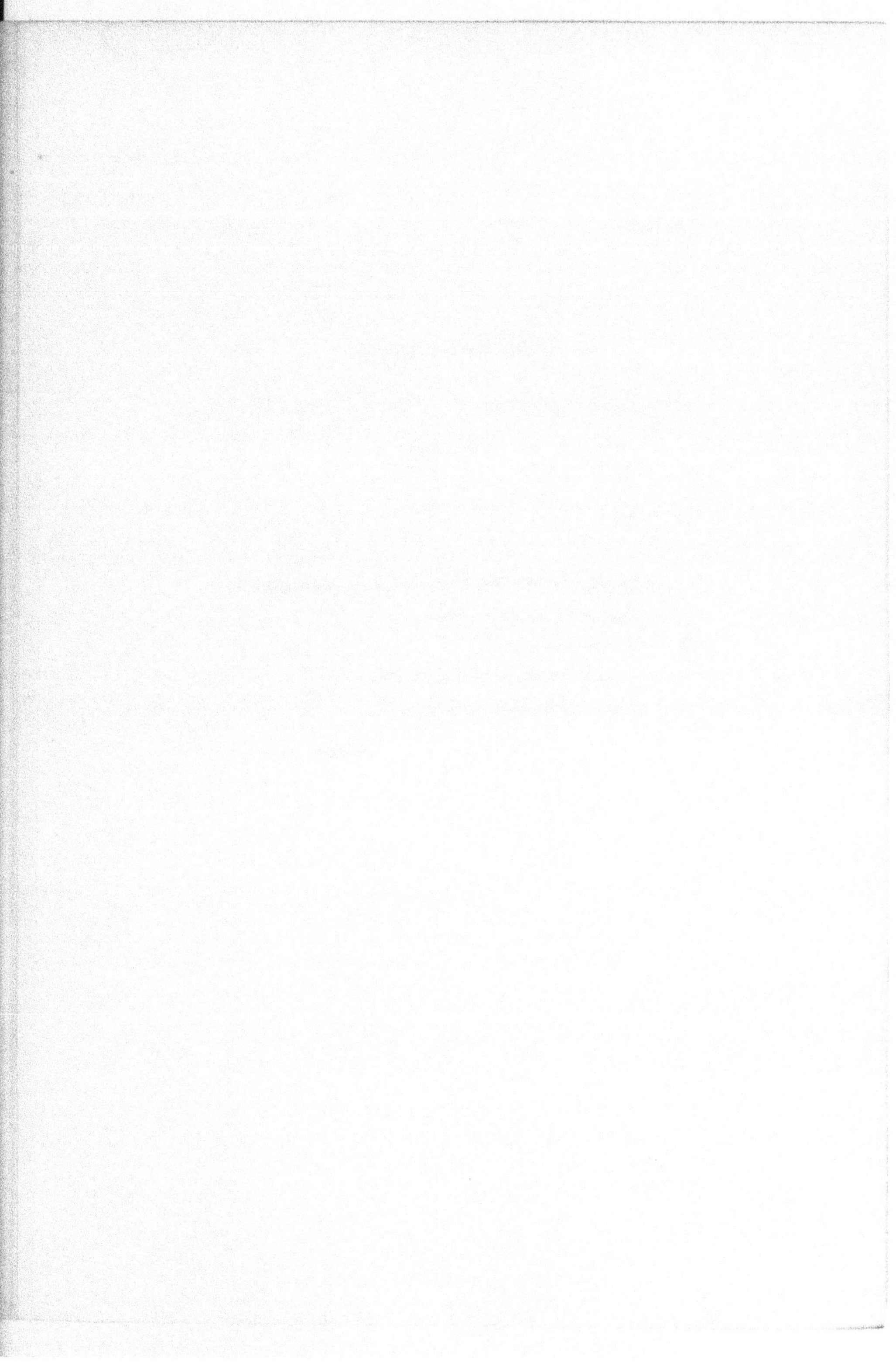

HABZÉLI D'ÉTHIOPIE

Habzelia Æthiopica (Alph. D. C.) *Unona Æthiopica* (Dun.)

(ANONACÉES.)

L'arbre entier, en fleurs et en fruits, au $\frac{1}{40}$ de grandeur naturelle.

1. — Fleur isolée, vue de face, réduite.

2. — La même, vue de profil.

3. — Fruit mûr, moitié de grandeur naturelle.

4. — Graine, de grandeur naturelle.

(Voir page 131.)

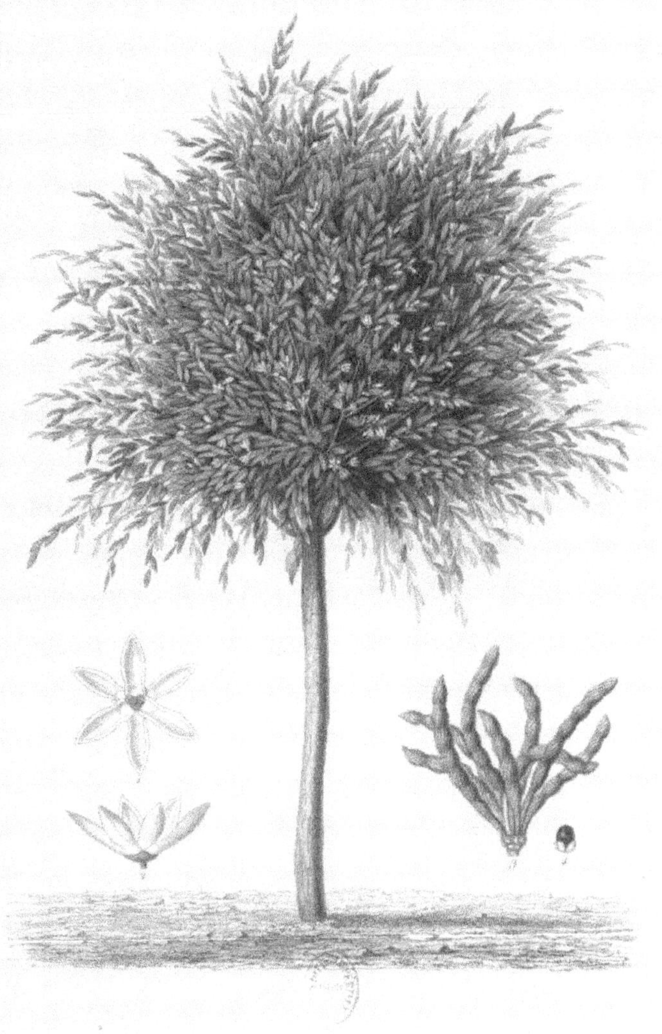

HABZÉLI D'ETHIOPIE.
Habzelia Æthiopica, Alph.

HELLÉBORE NOIR

Helleborus niger (Linné) *H. grandiflorus* (Salisb.)

(RENONCULACÉES-HELLÉBORÉES.)

La plante entière, montrant des fleurs à divers degrés de développement, à moitié de grandeur naturelle.

(Voir page 133.)

HELLÉBORE NOIR.

Helleborus niger. L.

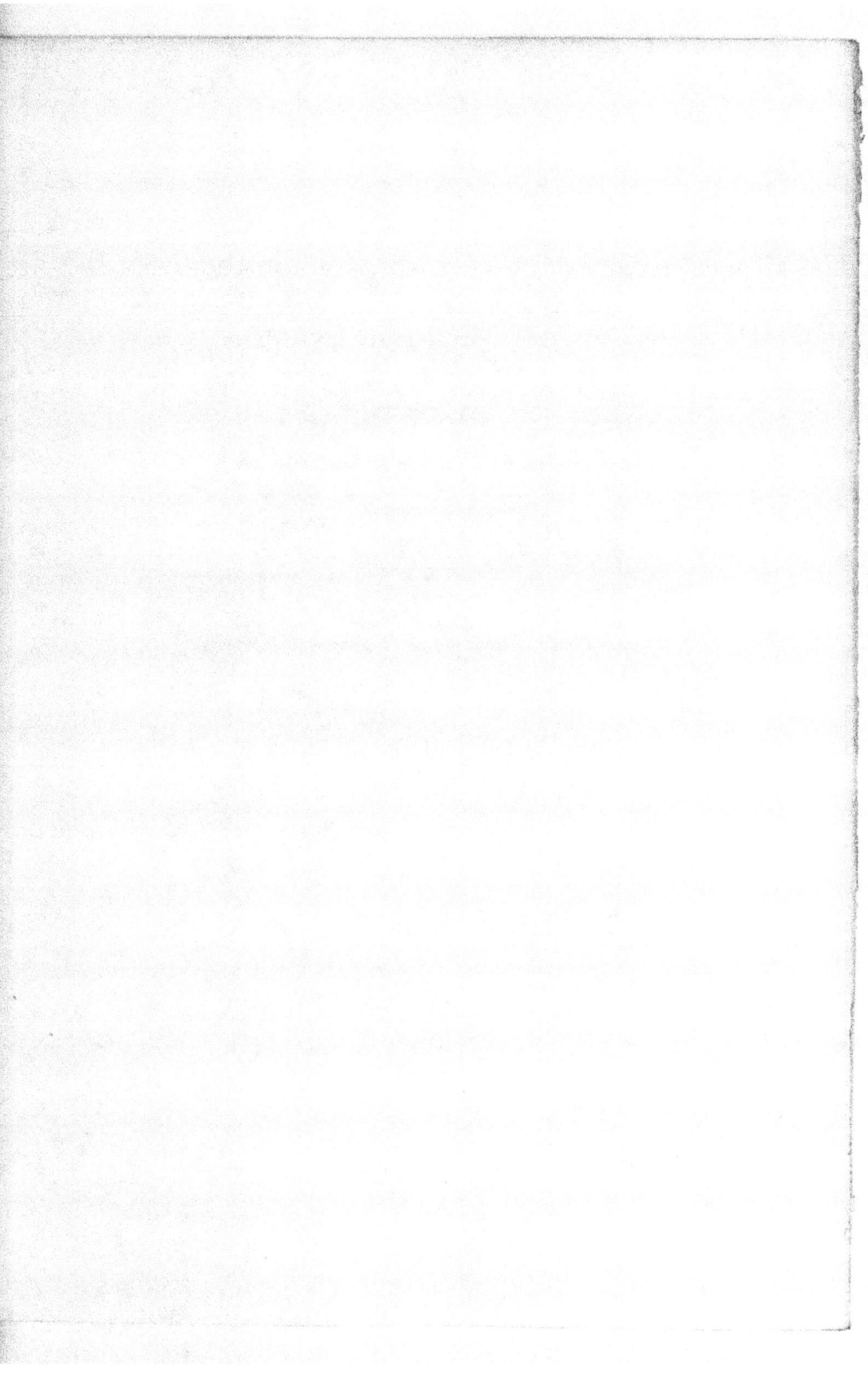

HÉPATIQUE

Hepatica triloba (D. C.) *Anemone hepatica* (Linné)

(RENONCULACÉES-ANÉMONÉES.)

La plante entière, montrant des fleurs à divers degrés de développement, de grandeur naturelle.

(Voir page 139.)

HÉPATIQUE.

Hepatica triloba L.

HYDROPELTIS

Hydropeltis purpurea (Michaux)

(CABOMBÉES.)

La plante entière, montrant des fleurs à divers degrés de développement, à moitié de grandeur naturelle.

(Voir page 154.)

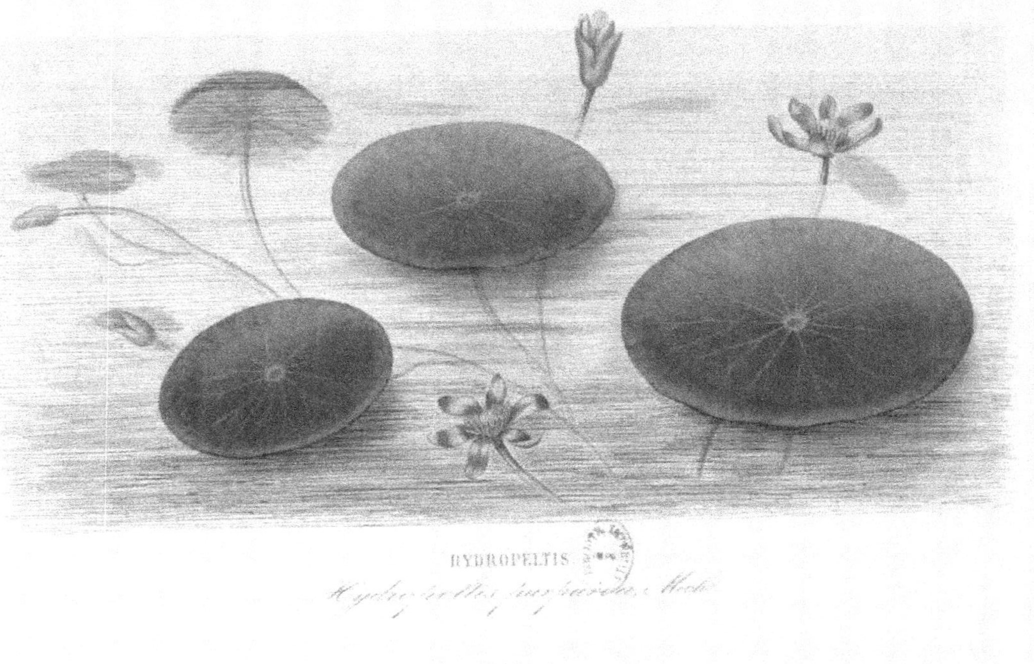

HYDROPELTIS.

Hydropeltis purpurea, Mich.

IPÉCACUANHA

Cephælis ipecacuanha (Richard) *Ipecacuanha fusca* (Pison)

(RUBIACÉES–COFFÉACÉES.)

L'arbuste entier, en fleurs, au $^1/_{10}$ de grandeur naturelle.

1. — Capitule de fleurs, de grandeur naturelle.

2. — Une fleur isolée, très-grossie.

3. — Fruit mûr, grossi.

4. — Le même, coupé transversalement pour laisser voir la graine.

5. — Racine, aux $^2/_3$ de grandeur naturelle.

(Voir page 170.)

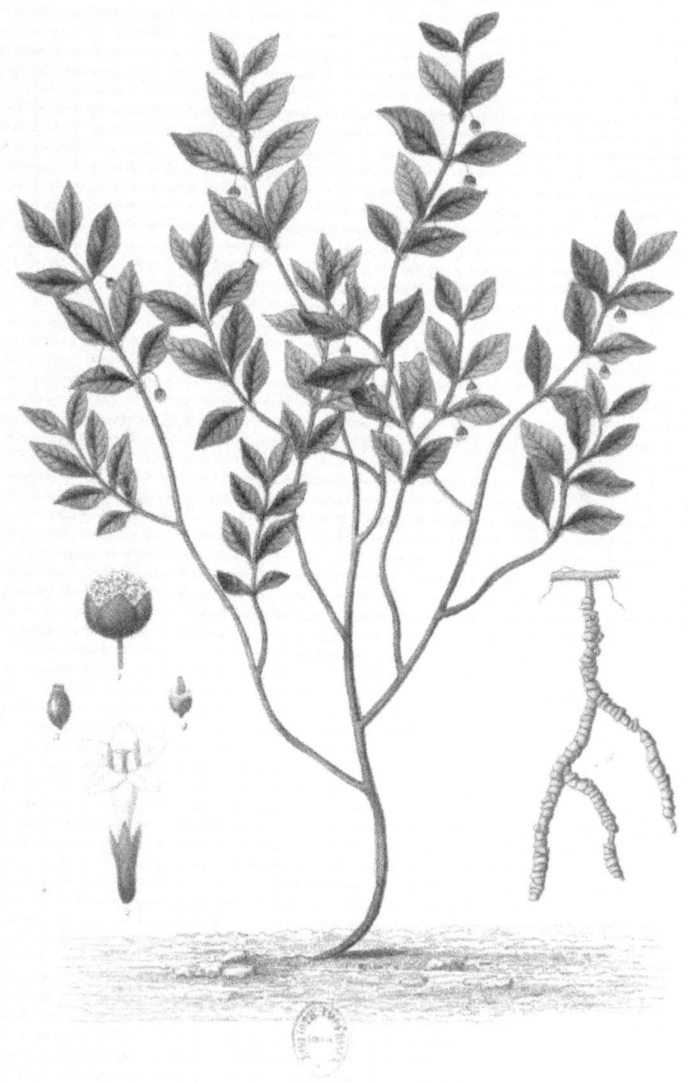

IPÉCACUANHA.

Cephaelis ipecacuanha, Rich.

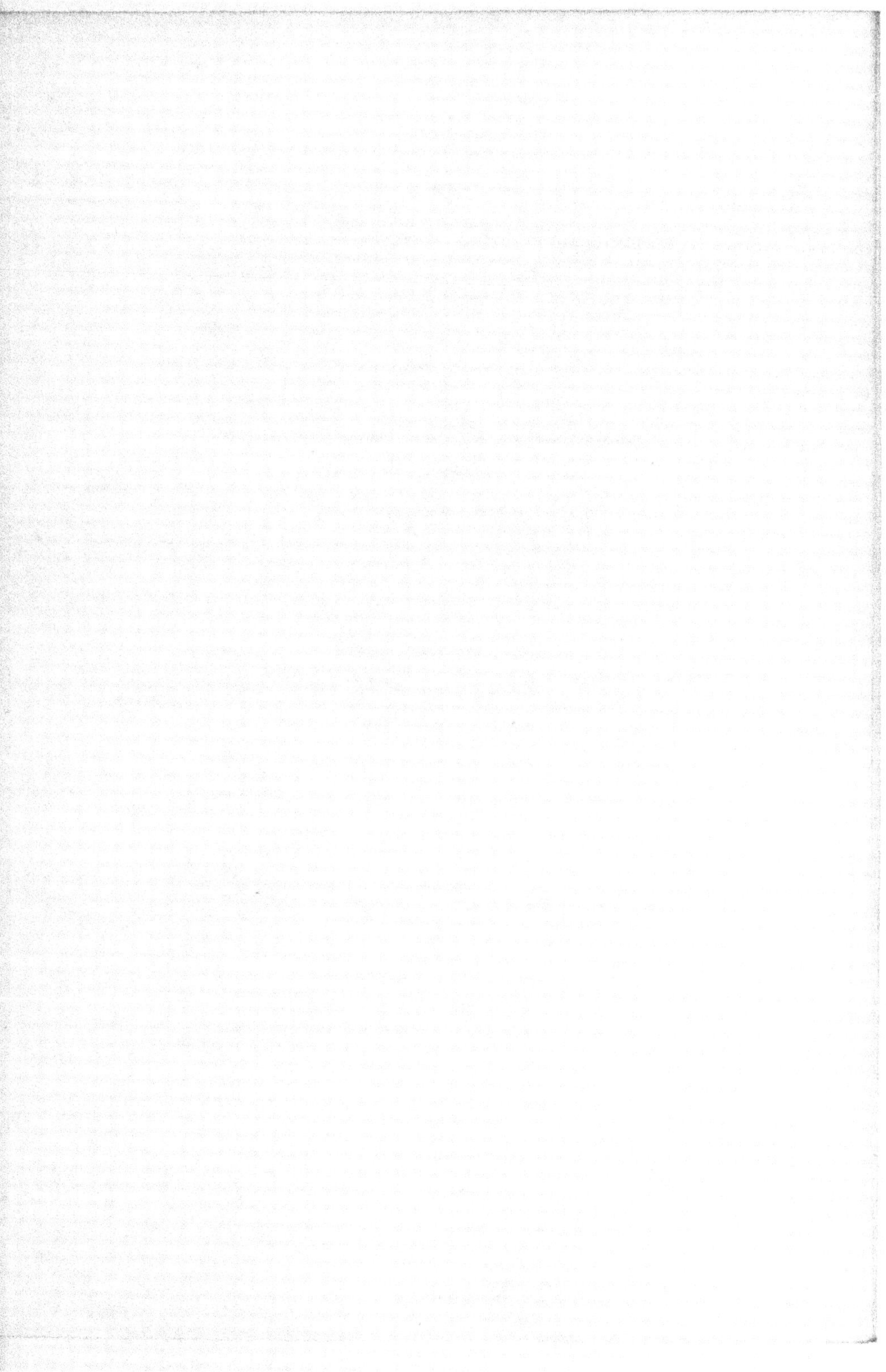

JALAP

Convolvulus jalapa (De Candolle) *Ipomœa purgans* (Wenderoth)

(CONVOLVULACÉES.)

La plante entiére, au $\frac{1}{16}$ de grandeur naturelle.

1. — Fruit, enveloppé dans le calice persistant, moitié de grandeur naturelle.

2. — Graines, moitié de grandeur naturelle.

3. — Tubercule pyriforme, au $\frac{1}{2}$ de grandeur naturelle.

4. — Tubercule fusiforme,   id.

(Voir page 179.)

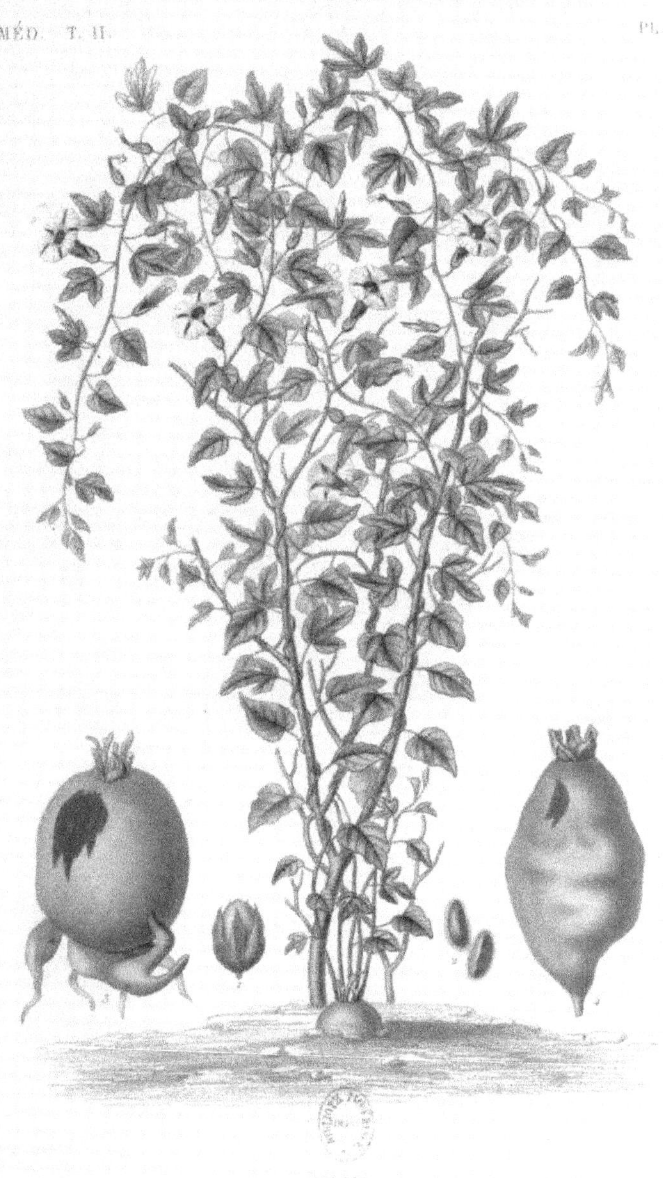

JALAP.

Convolvulus Jalapa, D. C.

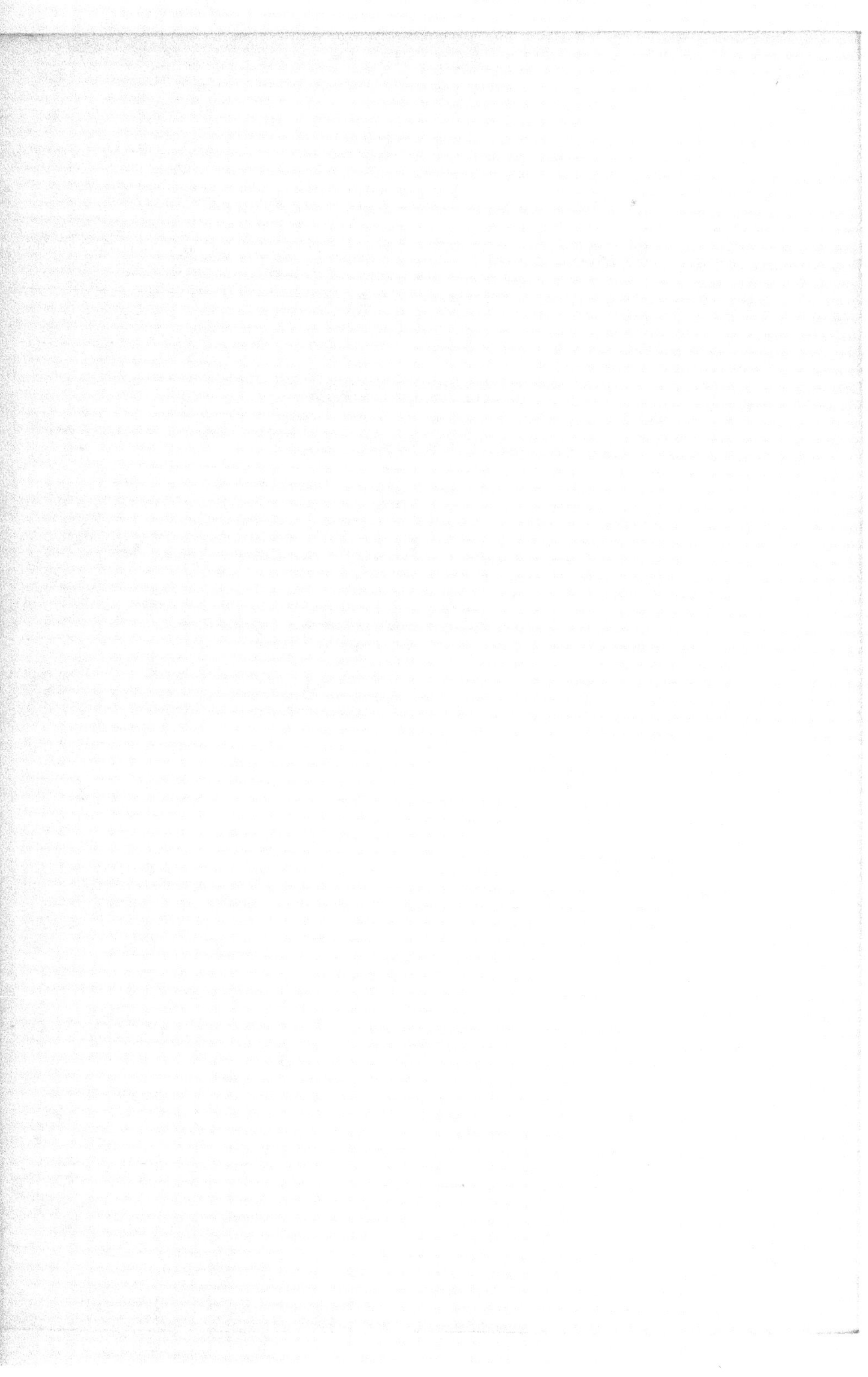

JULIENNE DES JARDINS

Hesperis matronalis (Linné)

(CRUCIFÈRES-SISYMBRIÉES.)

———

La plante entière, montrant des fleurs à divers degrés de développement, ainsi que de jeunes fruits, au $\frac{1}{4}$ de grandeur naturelle.

(Voir page 187.)

JULIENNE DES JARDINS
Hesperis matronalis L.

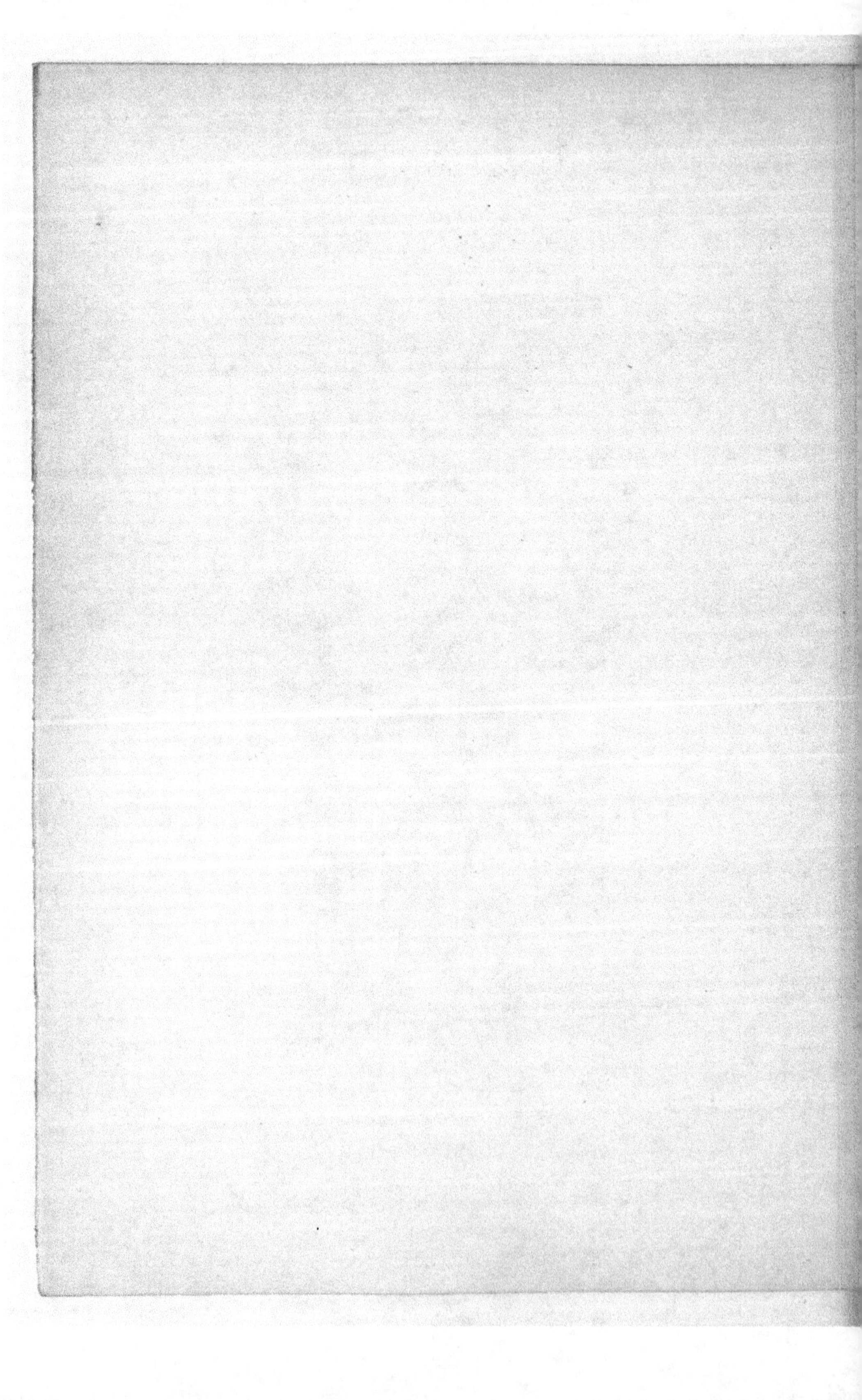

JUSQUIAME NOIRE

Hyoscyamus niger (Linné)

(SOLANÉES.)

La plante entière, en fleurs et en fruits, au $\frac{1}{4}$ de grandeur naturelle.

1. — Fleur, de grandeur naturelle.

2. — Racine, réduite.

(Voir page 189.)

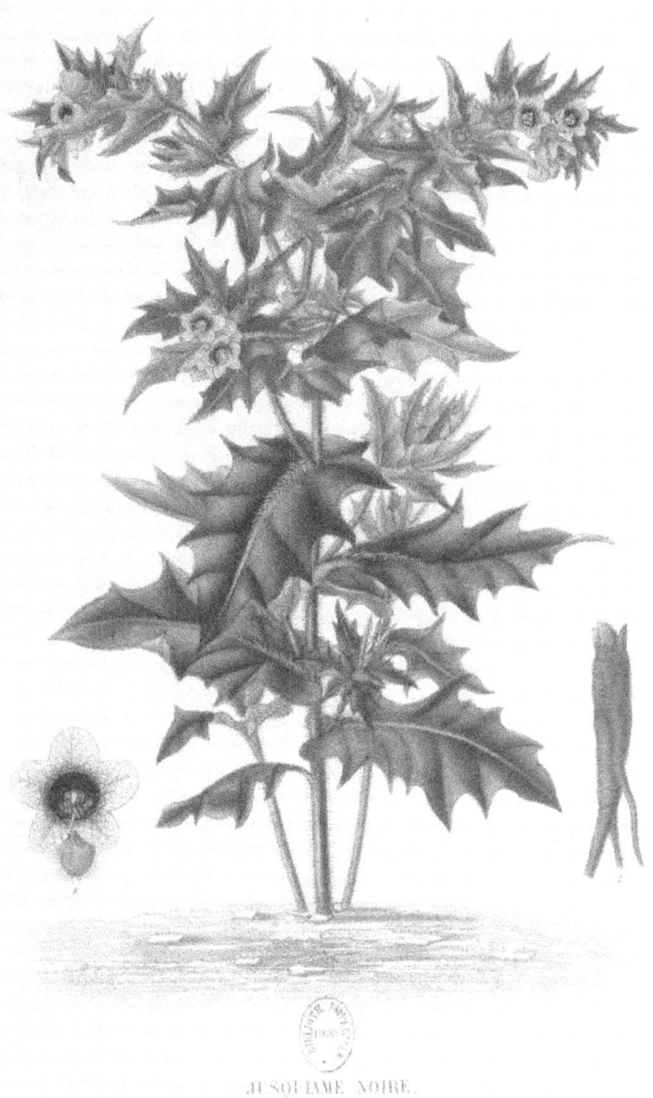

JUSQUIAME NOIRE.

Hyoscyamus niger. L.

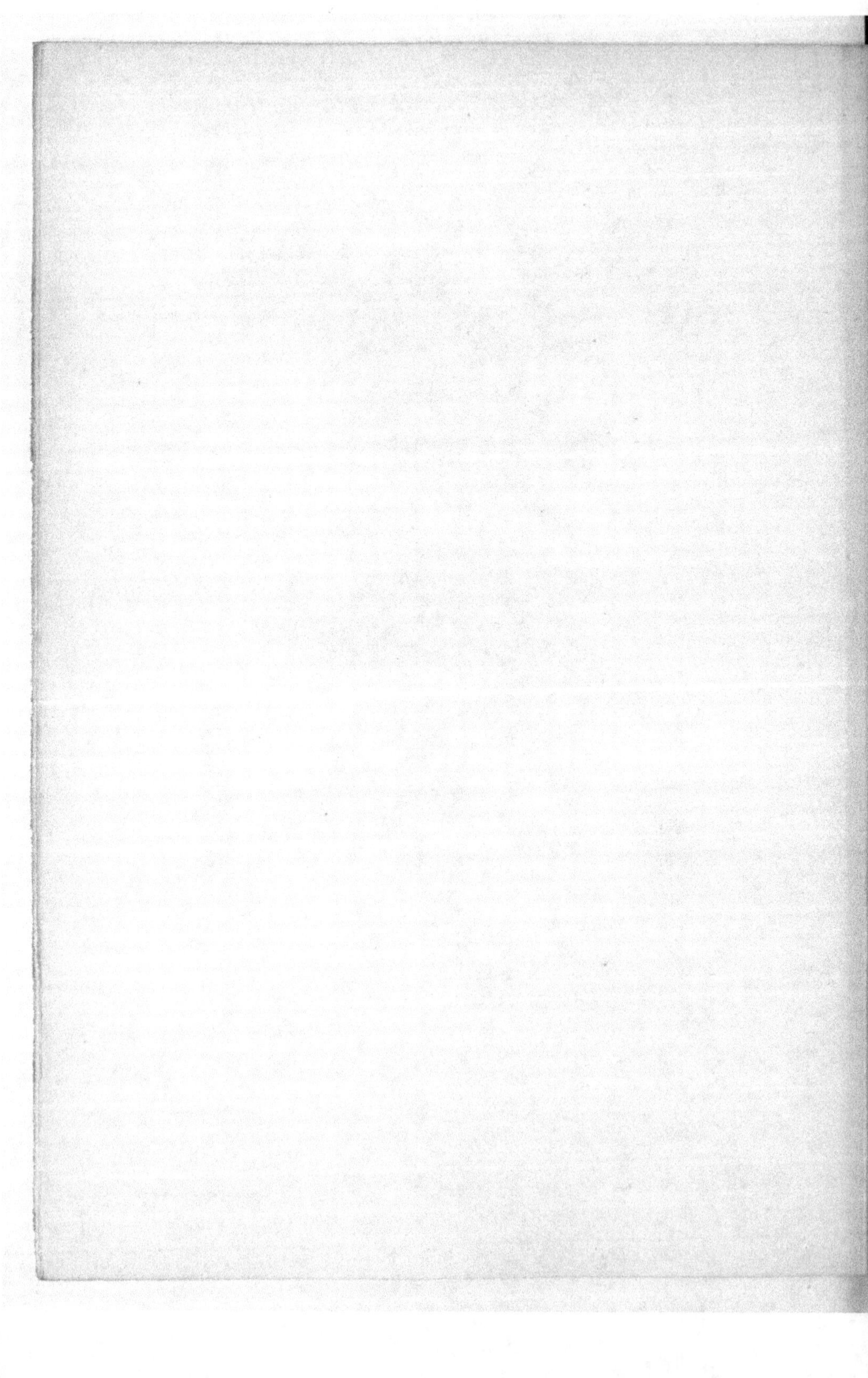

LAMINAIRE DIGITÉE

Laminaria digitata (Lamouroux.)

(ALGUES-FUCACÉES.)

Le végétal entier, au ¼, de grandeur naturelle.

(Voir page 205.)

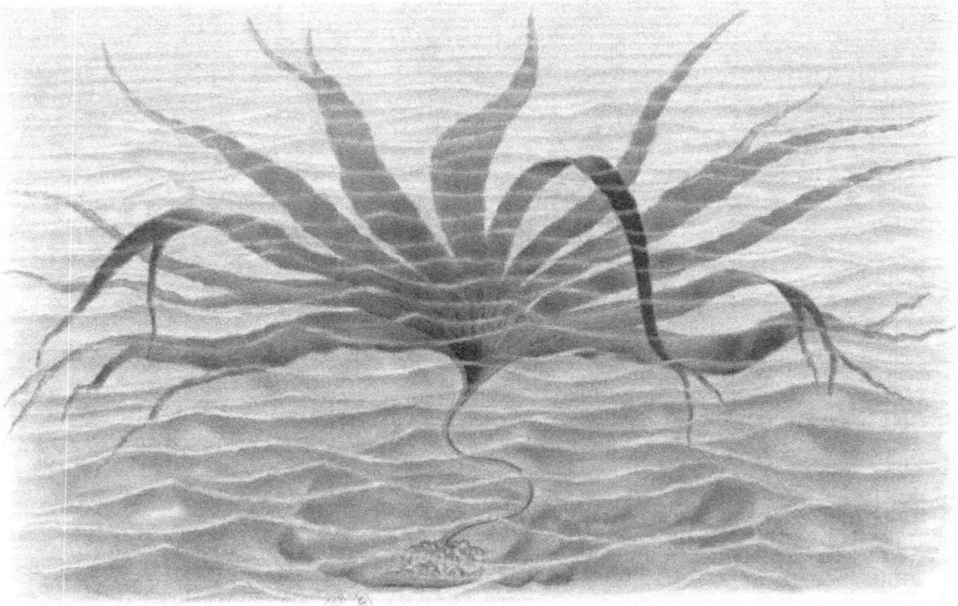

LAMINAIRE DIGITÉE.

Laminaria digitata, Lamx.

Riocreux pinx.

Annedouche sculp.

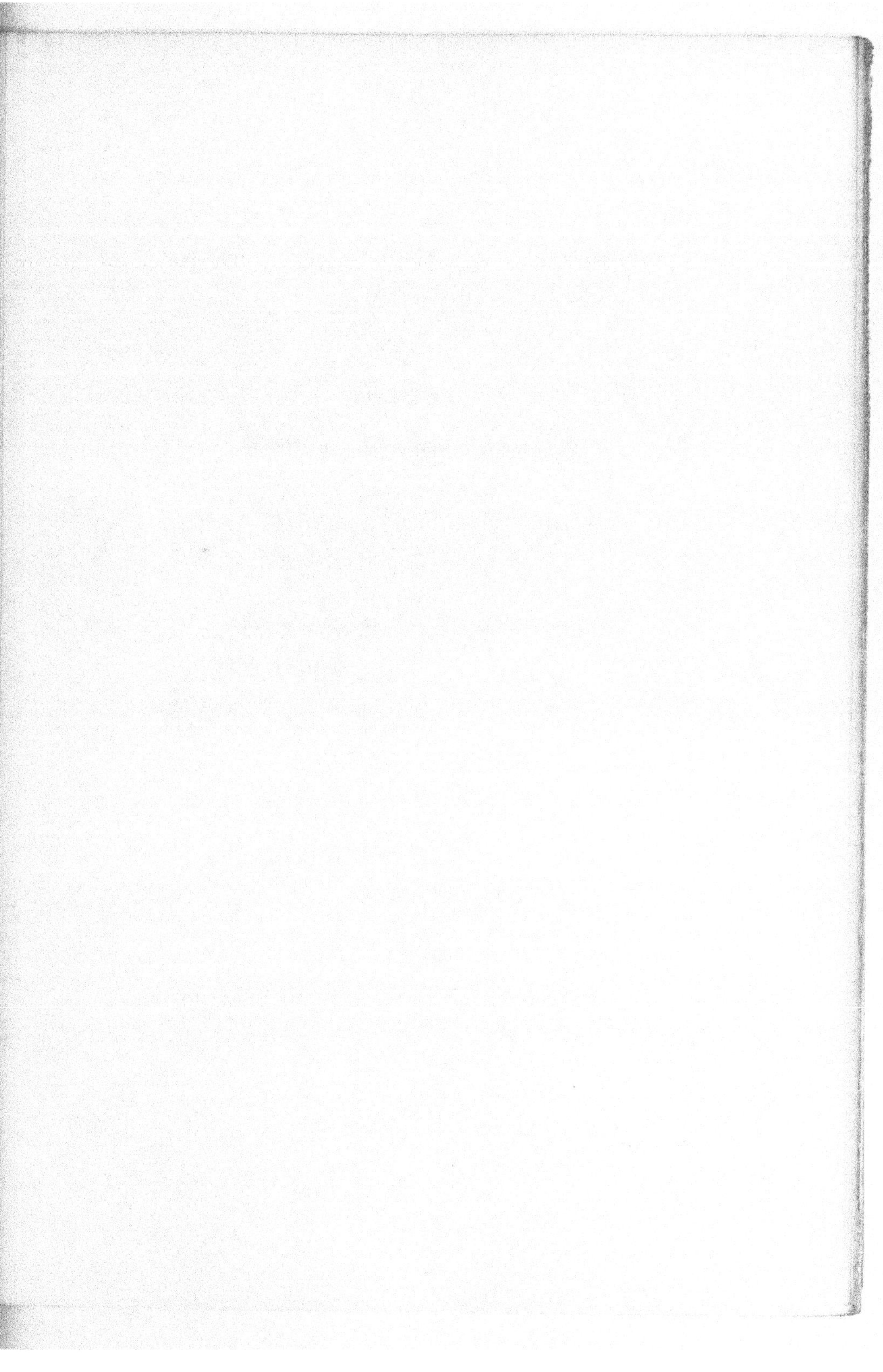

LARDIZABAL

Lardizabala biternata (Ruiz et Pavon)

(LARDIZABALÉES.)

L'arbrisseau entier, en fleurs, au $^1/_{20}$ de grandeur naturelle.

(Voir page 209.)

LARDIZABAL.

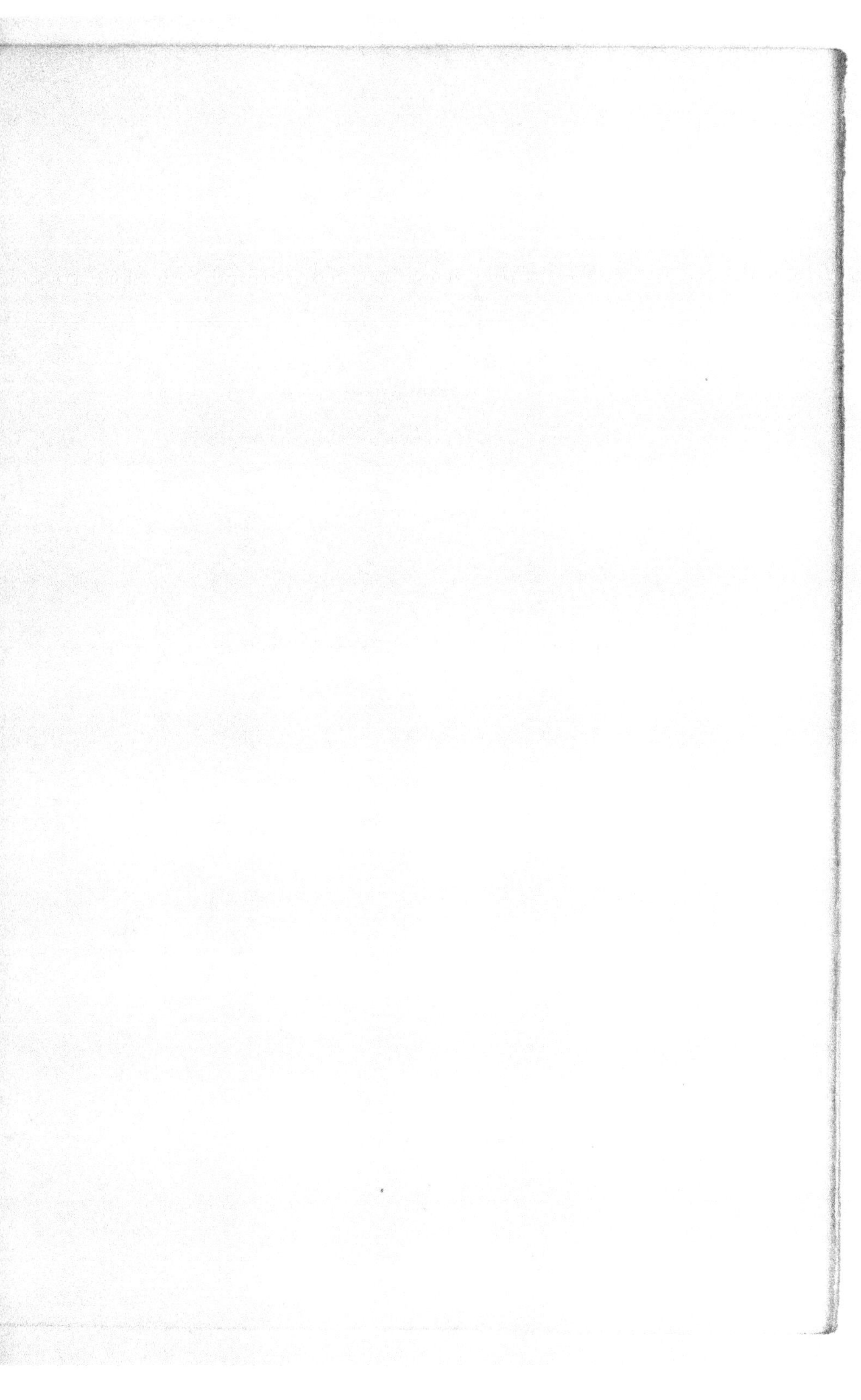

LAURIER-CERISE

Cerasus lauro-cerasus (Loiseleur-Deslongchamps) *Prunus lauro-cerasus* (Linné)

(ROSACÉES-AMYGDALÉES.)

L'arbre entier, en fleurs, au $^1/_{15}$ de grandeur naturelle.

1. — Fleur, grossie de moitié.

2. — Fruit mûr, de grandeur naturelle.

3. — Graine, de grandeur naturelle.

(Voir page 216.)

LAURIER-CERISE.

Cerasus laurocerasus, Lois.

LÉONTICE COMMUNE

Leontice leontopetalum (Linné)

(BERBÉRIDÉES.)

La plante entière, montrant des fleurs et des fruits à divers degrés de développement, au $\frac{1}{4}$ de grandeur naturelle.

1. — Fleur, de grandeur naturelle.

2. — Fruit, de grandeur naturelle.

3. — Graine, grossie.

(Voir page 229.)

LÉONTICE COMMUNE
Leontice leontopetalum L.

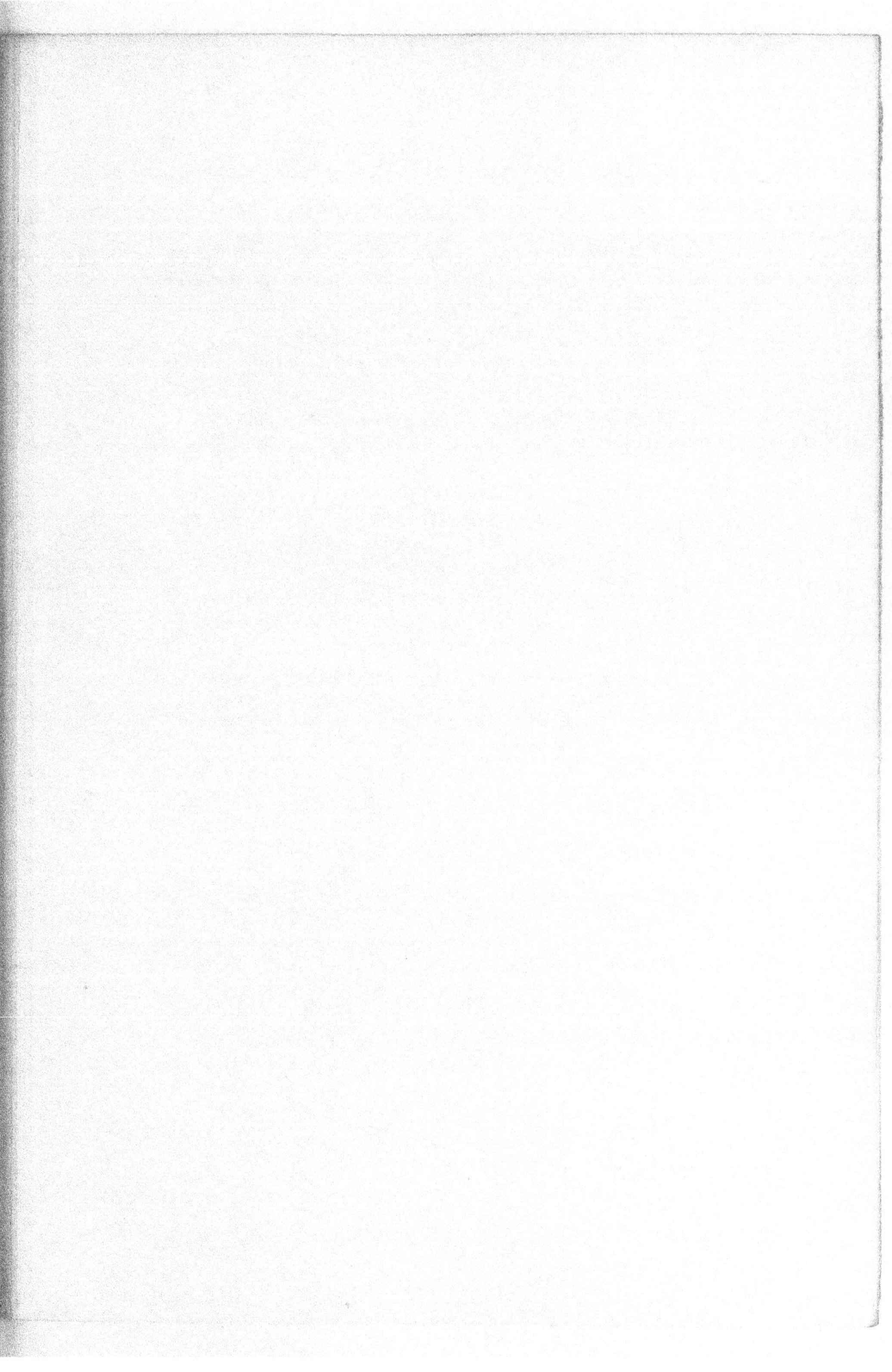

LICHENS D'ISLANDE ET PULMONAIRE

Lichen Islandicus, Lichen pulmonarius (Linné)

(LICHÉNÉES.)

----

1. — Lichen d'Islande, *Lichen Islandicus* (Linné), *Cetraria Islandica* (Acharius), *Phyxia Islandica* (De Candolle) ; trois frondes avec des scutelles, de grandeur naturelle.

2. — Lichen pulmonaire ou pulmonaire de chêne, *Lichen pulmonarius* (Linné), *Lobaria pulmonaria* (De Candolle), *Sticta pulmonaria* (Acharius) ; touffe montrant les deux faces de la fronde avec des scutelles, de grandeur naturelle.

(Voir page 231.)

1. LICHEN D'ISLANDE.   2. LICHEN PULMONAIRE.

Lichen Islandicus L.   *Lichen pulmonarius L.*

LOBÉLIE SIPHYLITIQUE

Lobelia siphylitica (Linné)

(LOBÉLIACÉES.)

———

La plante entière, montrant des fleurs à divers degrés de développement, au $^1/_2$ de grandeur naturelle.

1. — Fleur isolée, de grandeur naturelle.

2. — Fruit mûr, surmonté du style et entouré du calice persistant, de grandeur naturelle.

3. — Graine isolée, grossie.

(Voir page 254.

LOBÉLIE SIPHYLITIQUE

Lobelia syphilitica. L.

Maubert pinx.   Impr. Lemercier, Bénard et Cie.   Plée sculp.

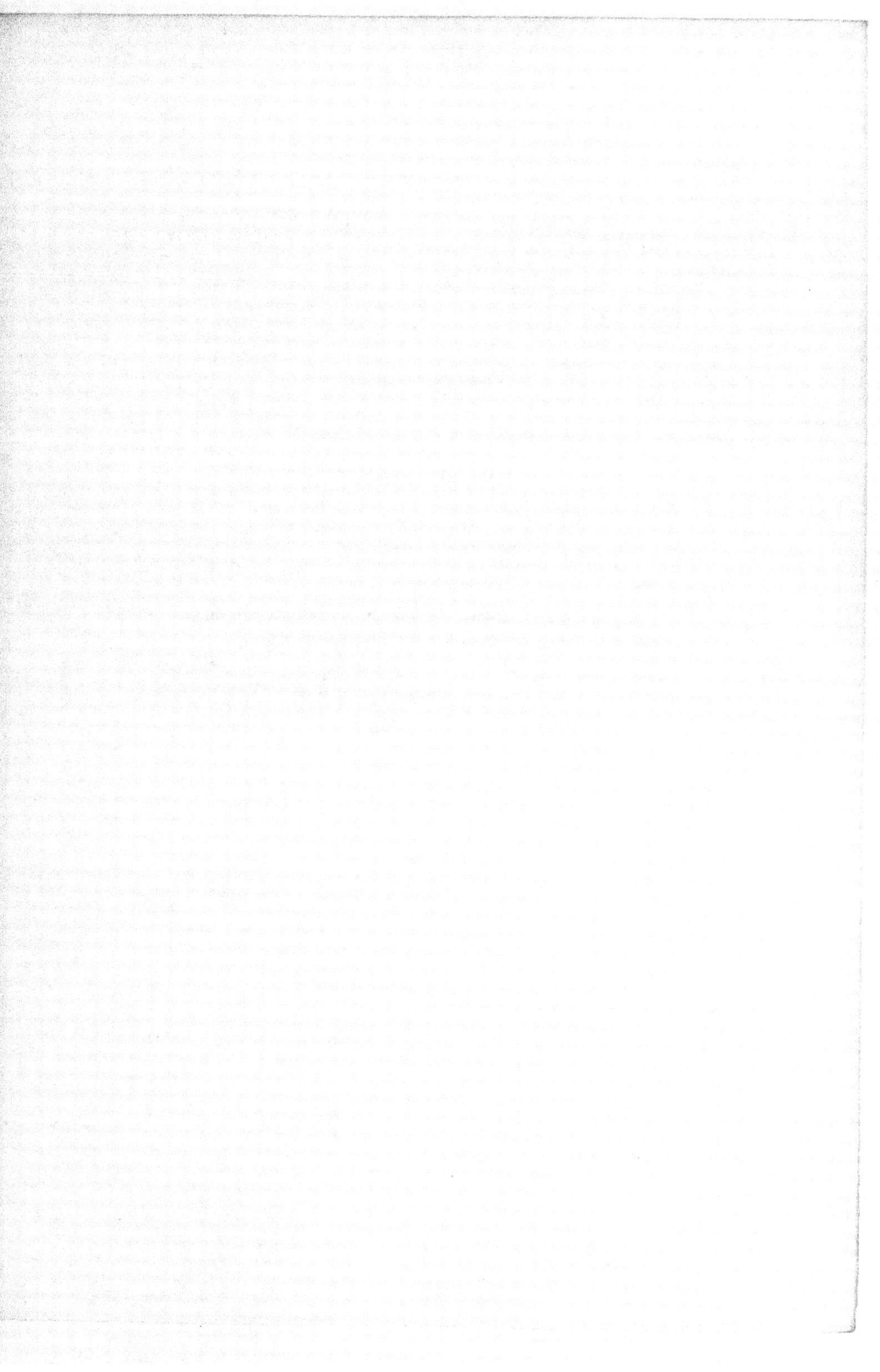

LUNAIRE VIVACE

Lunaria rediviva (Linné)

(CRUCIFÈRES-ALYSSINÉES.)

La plante entière, montrant des fleurs à divers degrés de développement, ainsi que de jeunes fruits, au $^1/_8$ de grandeur naturelle.

(Voir page 257.)

LUNAIRE VIVACE.
Lunaria rediviva. Lin.

LYCOPODE

Lycopodium clavatum (Linné)

(LYCOPODIACÉES.)

La plante entière, en fruits, de grandeur naturelle.

1. — Portion d'épi, grossie.

2. — Écaille, très-grossie.

3. — Spores (corps reproducteurs), grossies.

(Voir page 262.

LYCOPODE.

Lycopodium clavatum. L.

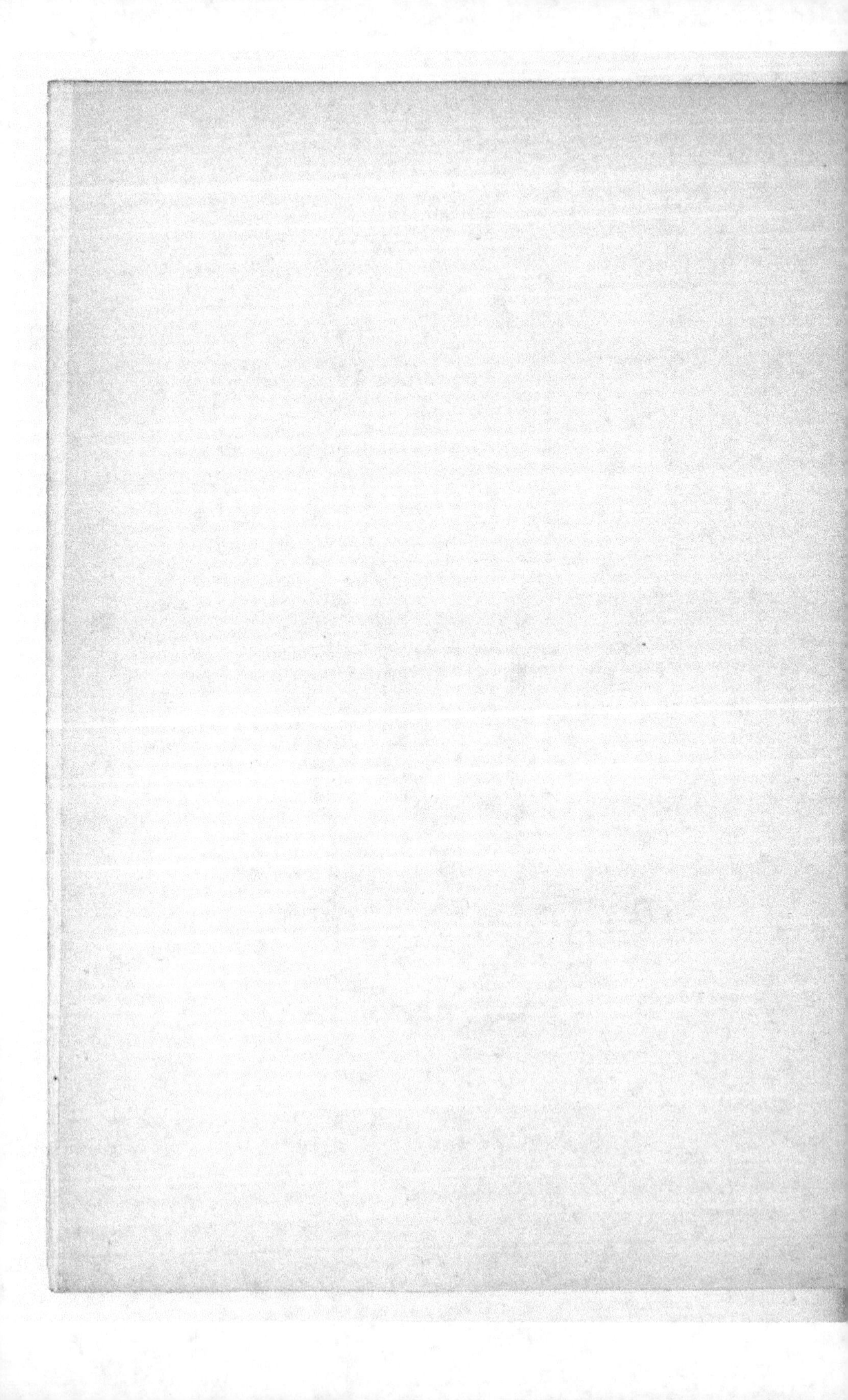

MAGNOLIER

Magnolia Yulan (Wallich)

(MAGNOLIACÉES–MAGNOLIÉES.)

L'arbre entier, portant des fleurs à divers degrés de développement, au $^1/_{20}$ de grandeur naturelle.

1. — Fruit mûr et graines du Magnolier glauque, *M. glauca* (Linné), au $^1/_3$ de grandeur naturelle.

2. — Fragment d'écorce du Magnolier glauque.

(Voir page 272.)

MAGNOLIER YULAN.
Magnolia Yulan.

MANCENILLIER

Hippomane mancinella (Linné)

(EUPHORBIACÉES-HIPPOMANÉES.)

L'arbre entier, au $^1/_{30}$ de grandeur naturelle.

1. — Portion d'épi, montrant à gauche, en haut, des fleurs mâles ;
     à droite et en bas, des fleurs femelles, de grandeur naturelle.

2. — Fruit mûr, aux $^2/_5$ de grandeur naturelle.

3. — Le même, coupé transversalement.

4. — Graine, de grandeur naturelle.

(Voir page 278.)

MANCENILLIER

Hippomane mancinella.

MANIOC

Manihot edulis (Plumier) *Jatropha manihot* (Linné)

(EUPHORBIACÉES–CROTONÉES.)

L'arbre entier, au $\frac{1}{19}$ de grandeur naturelle.

1. — Fleurs, de grandeur naturelle.

2. — Fruit,   id.

3. — Le même, coupé transversalement ainsi que les trois graines qu'il renferme.

4. — Graine, surmonté de sa caroncule, de grandeur naturelle.

(Voir page 288.)

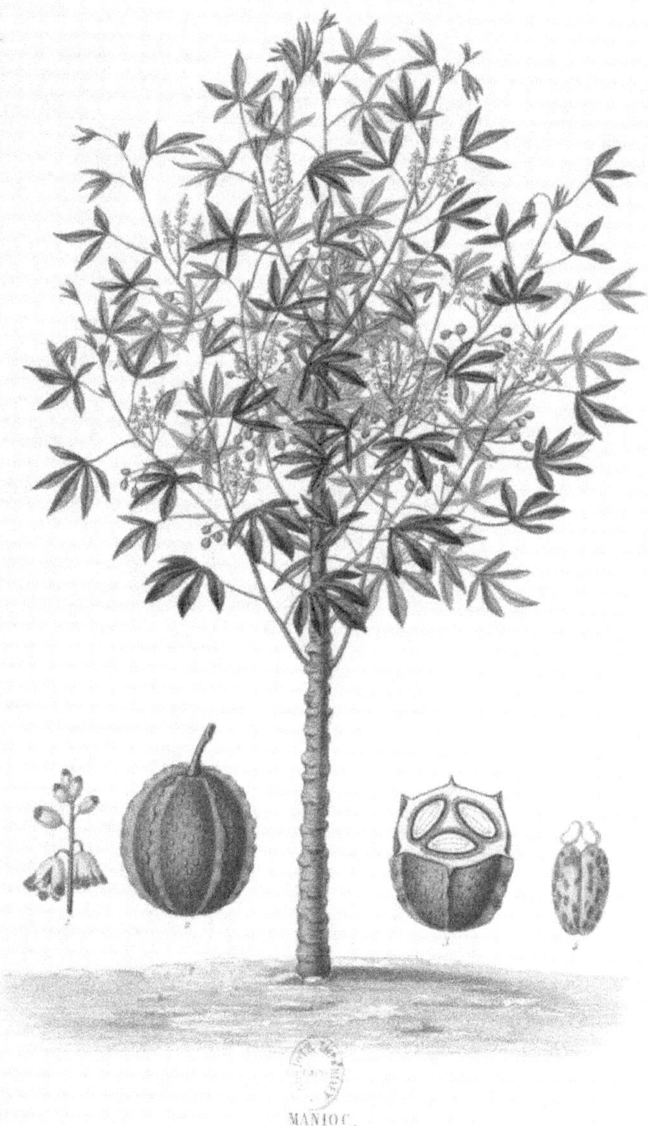

MANIOC.

Manihot edulis, Pohl.

MASSETTE

Typha latifolia (Linné)

(TYPHACÉES.)

La plante entière, en fleurs et en fruits, au $\frac{1}{8}$ de grandeur naturelle.

1. — Fleur mâle, très-grossie, montrant des étamines accompagnées de filaments stériles.

2. — Fleur femelle, grossie, à poils rapprochés.

3. — Fruit mûr, grossi, à poils écartés.

4. — Le même, très-grossi et entr'ouvert pour laisser voir la graine.

(Voir page 303.)

MASSETTE.

Typha latifolia. L.

MÉNISPERME DU CANADA

Menispermum Canadense (Linné) *Cissampelos smilacina* (Jacquin)

(MÉNISPERMÉES.)

L'arbrisseau entier, en fleurs, au $\frac{1}{12}$ de grandeur naturelle.

1. — Fleur isolée, de grandeur naturelle.

2. — La même, grossie.

3. — Fruit, de grandeur naturelle.

4. — Graine, de grandeur naturelle.

5. — Portion de racine, de grandeur naturelle.

(Voir page 331.)

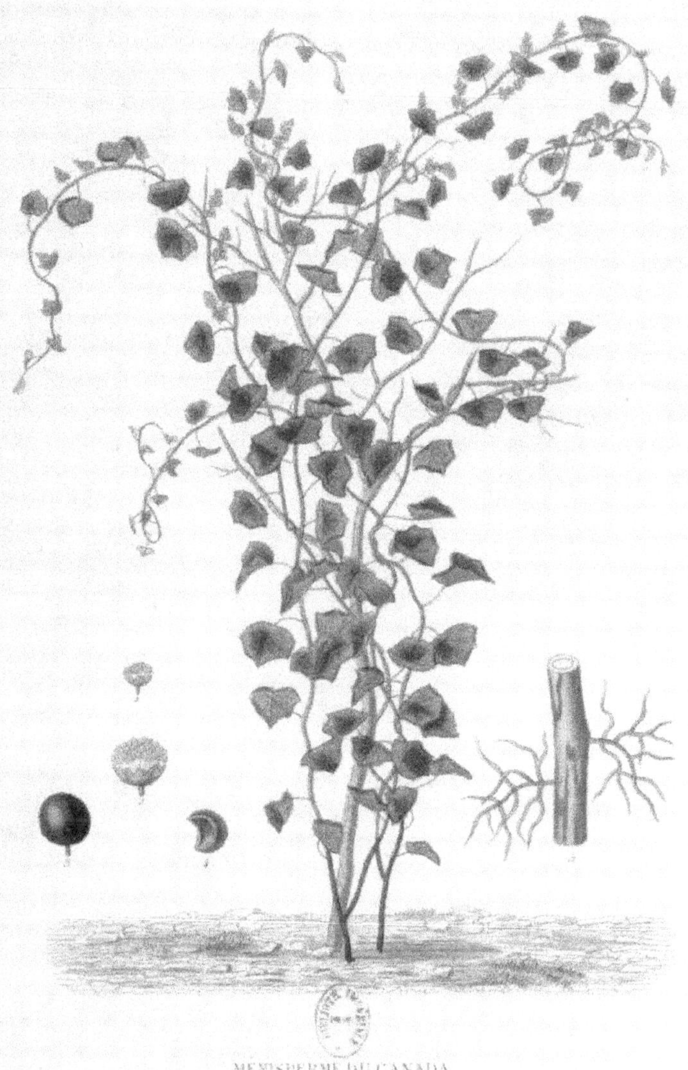

MÉNISPERME DU CANADA.

Menispermum Canadense L.

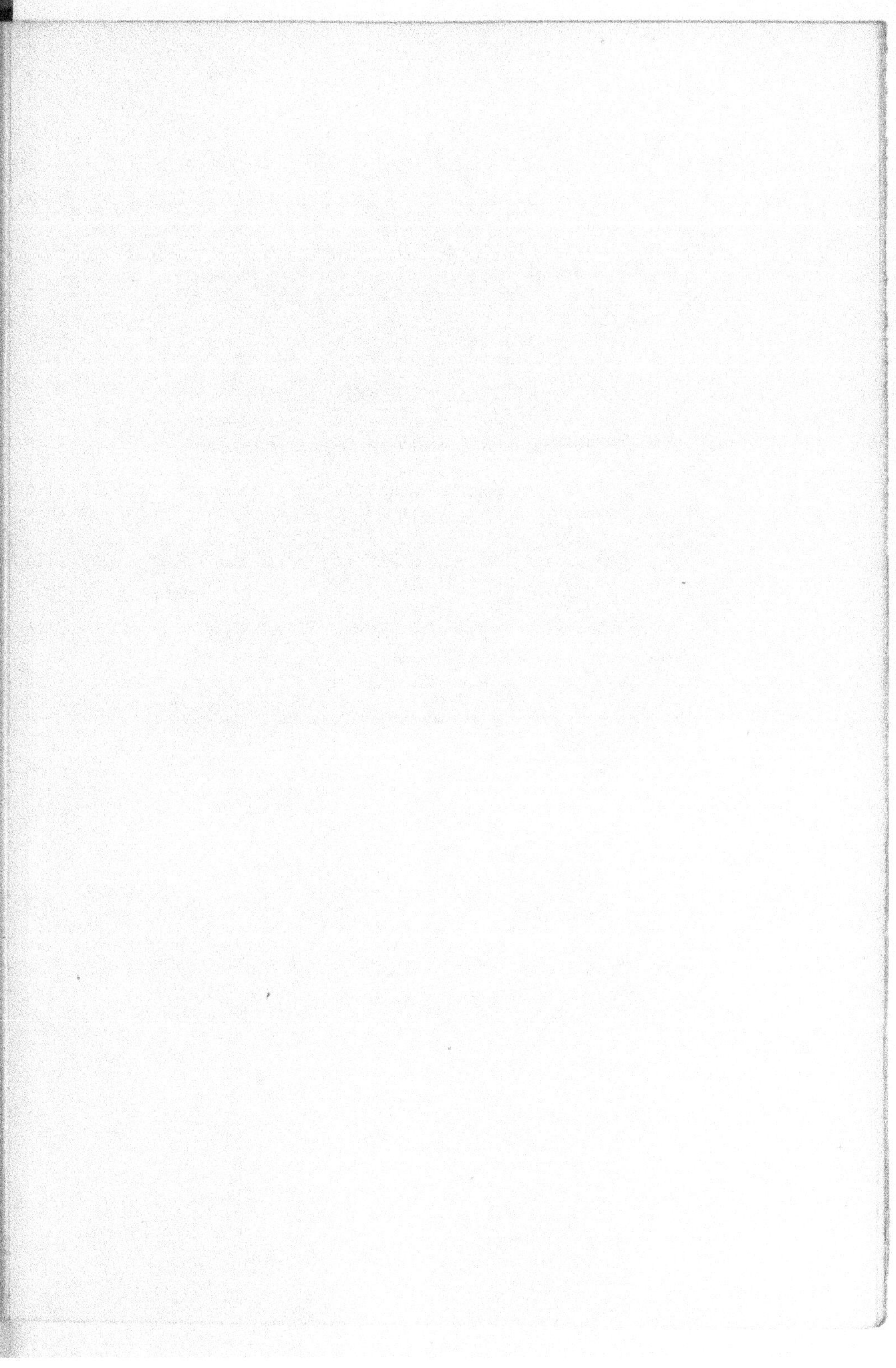

MICHÉLIE CHAMPAC

Michelia champaca (Linné) *Michelia suaveolens* (Persoon)

(MAGNOLIACÉES—MAGNOLIÉES.)

L'arbre entier, montrant des fleurs et des fruits à divers degrés de développement, au $1/_{90}$ de grandeur naturelle.

1. — Fruit, de grandeur naturelle.

2. — Le même, entr'ouvert pour laisser voir les graines, de grandeur naturelle.

(Voir page 344.)

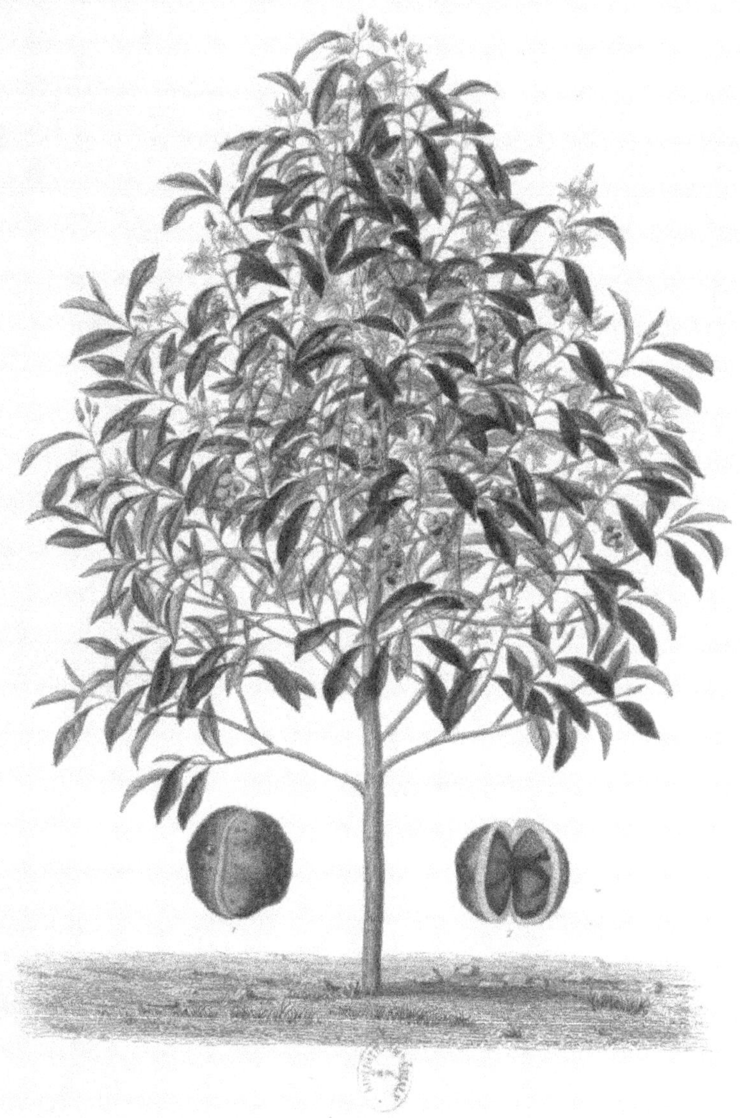

MICHÉLIE CHAMPAC.

Michelia champaca. L.

MONODORE AROMATIQUE

Monodora myristica (Dunal) *Anona myristica* (Linné)

(ANONACÉES.)

L'arbre entier, en fleurs, au $^1/_{18}$ de grandeur naturelle.

1. — Fruit mûr, au $^1/_3$ de grandeur naturelle.

2. — Le même, coupé transversalement pour laisser voir les graines.

3. — Une graine isolée, de grandeur naturelle.

(Voir page 365.)

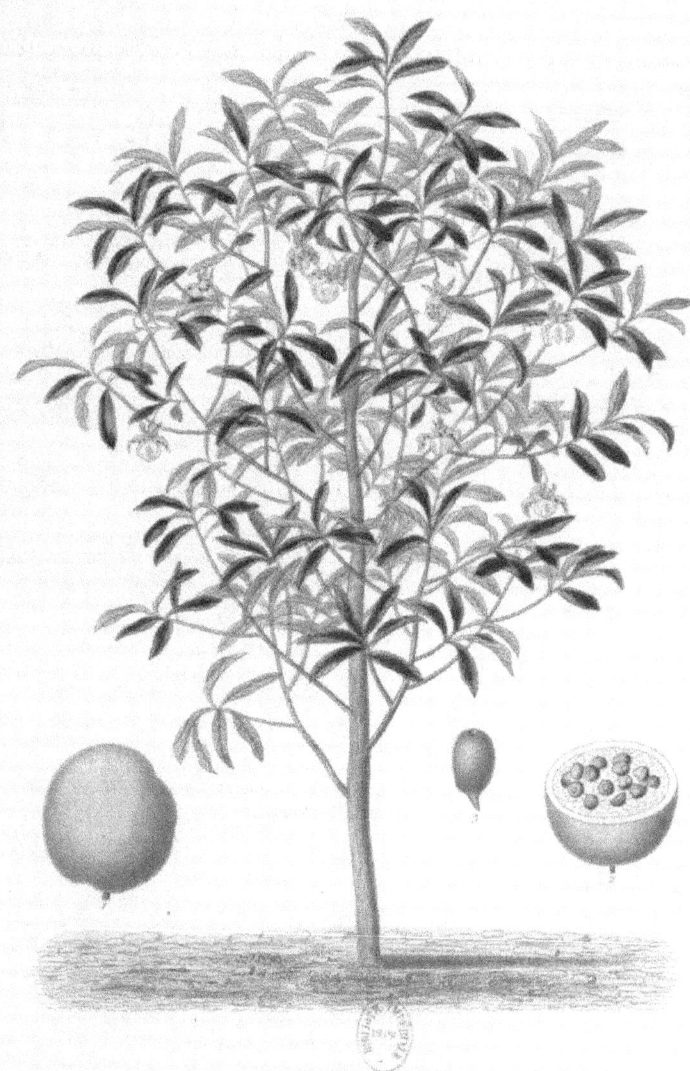

MONODORE AROMATIQUE.
Monodora myristica. Dun.

MOUTARDE NOIRE

Sinapis nigra (Linné) *Brassica nigra* (Koch.)

(CRUCIFÈRES—BRASSICÉES.)

La plante entière, en fleurs et en fruits, au $^1/_8$ de grandeur naturelle.

(Voir page 373.)

MOUTARDE NOIRE
Sinapis nigra L.

MUSCADIER

Myristica officinalis (Linné) *M. moschata* (Lamarck)

(MYRISTICÉES.)

L'arbre entier, au $^1/_{60}$ de grandeur naturelle.

1. — Fleurs mâles, de grandeur naturelle.

2. — Fleur femelle, de grandeur naturelle.

3. — Fruit mûr, au moment où il s'entr'ouvre en laissant voir la graine entourée de son arille, $^1/_2$ de grandeur naturelle.

4. — Graine, entourée de son arille (*macis*), de grandeur naturelle.

5 et 6. — Graine, dépouillée du macis (*noix muscade ou Muscade*).

7. — Muscade de Cayenne, $^1/_2$ de grandeur naturelle.

8. — Muscade des côtes du Malabar, $^1/_2$ de grandeur naturelle.

(Voir page 388.)

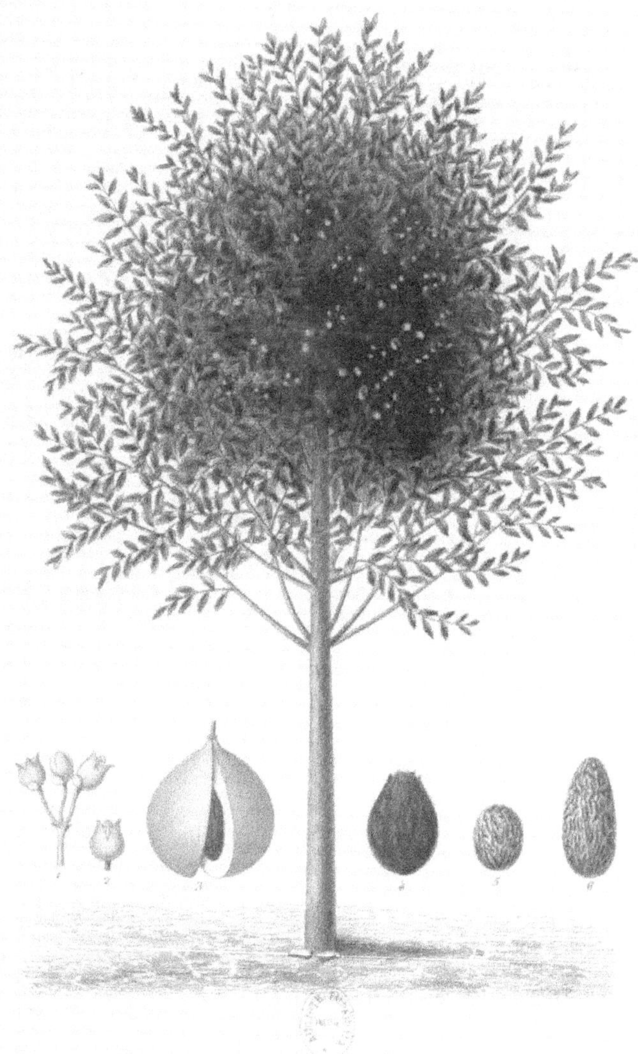

MUSCADIER.

Myristica officinalis L.

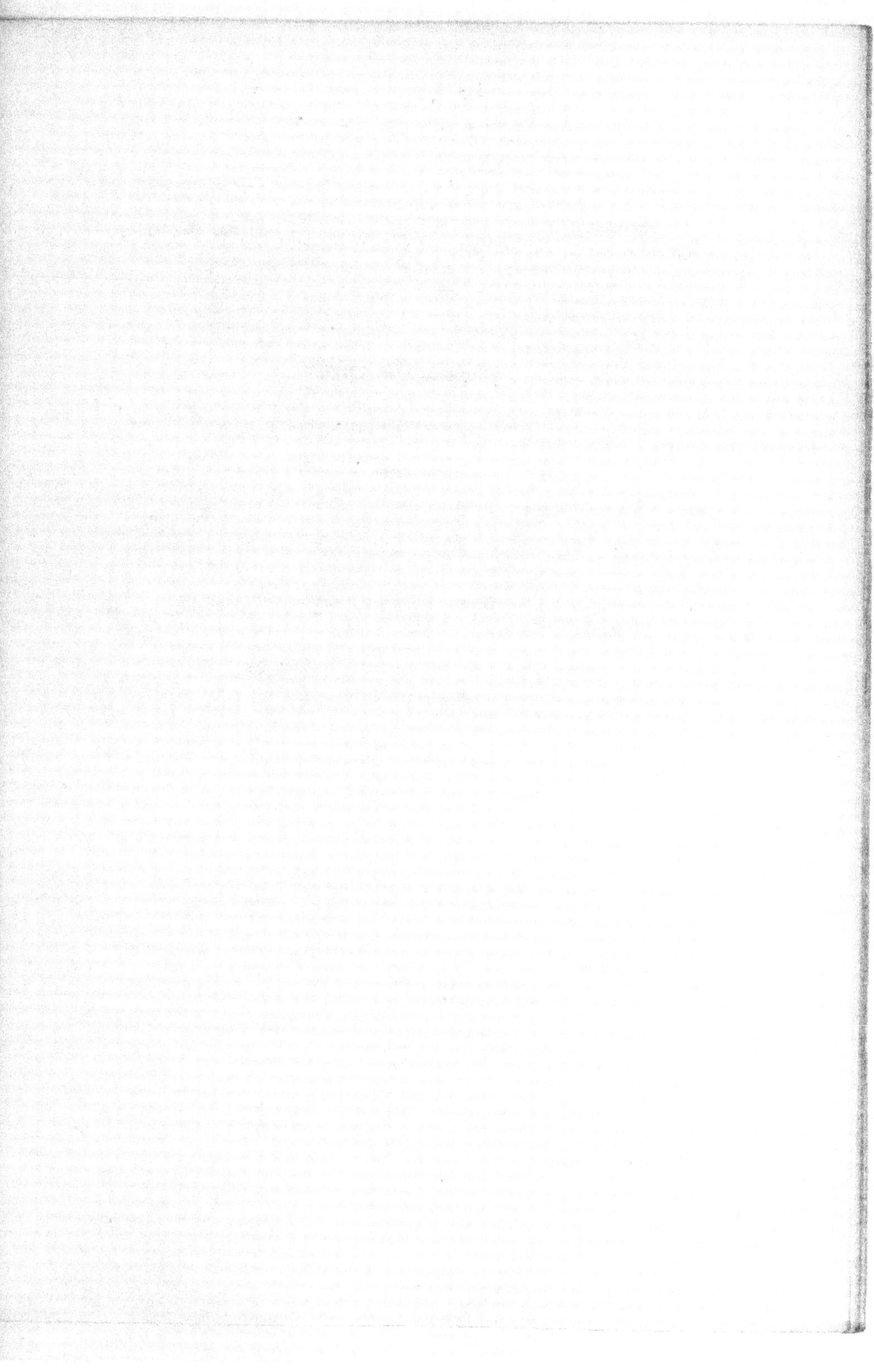

NARCISSE DES PRÉS

Narcissus pseudo-narcissus (Linné)

(NARCISSÉES.)

La plante entière, montrant des fleurs à divers degrés de développement, aux ³/₄ de grandeur naturelle.

(Voir page 409.)

NARCISSE DES PRÉS.

Narcissus pseudo-narcissus L.

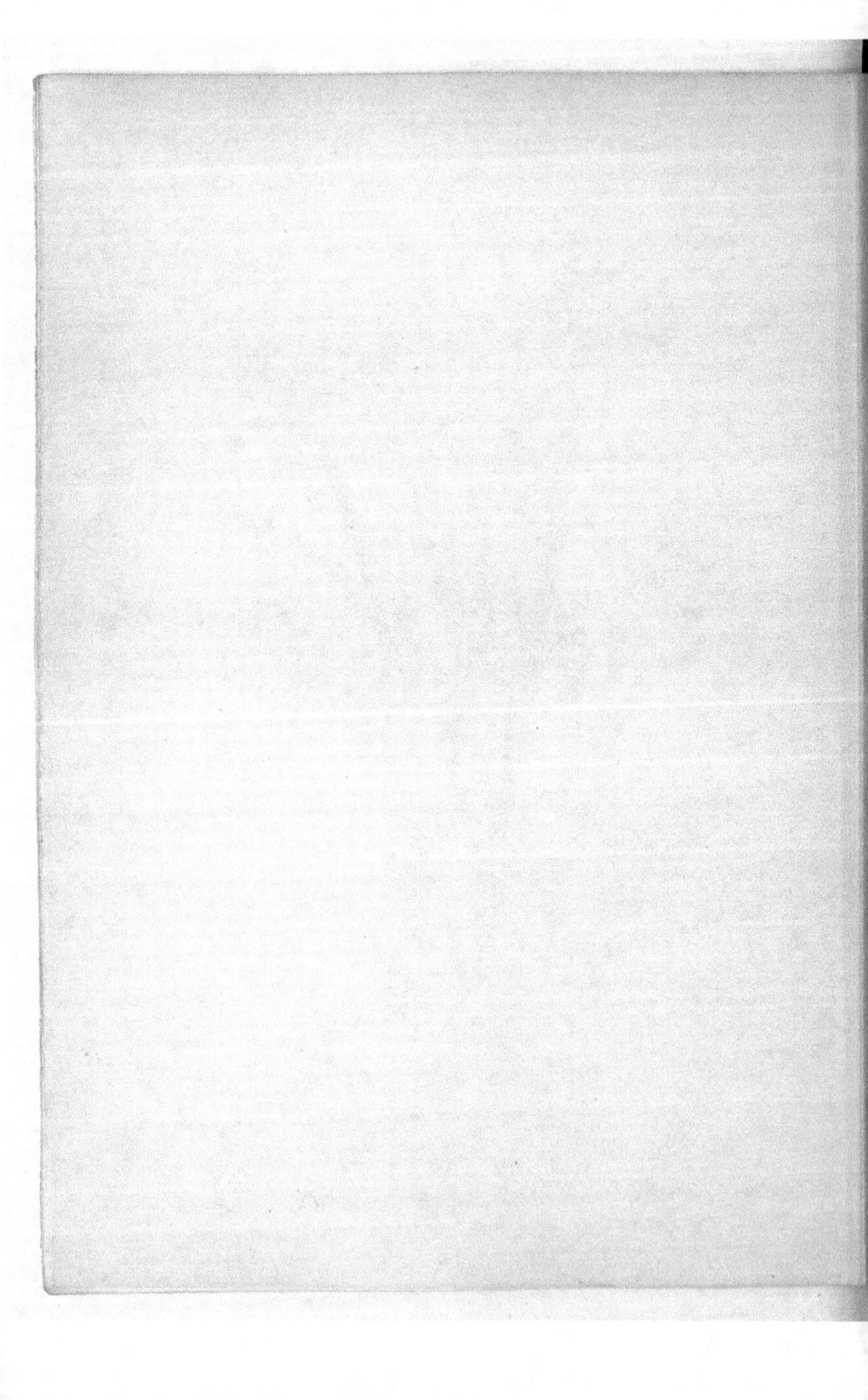

NASITOR

Lepidium sativum (Linné)

(CRUCIFÈRES–LÉPIDINÉES.)

———

La plante entière, en fleurs et en fruits, au $^1/_4$ de grandeur naturelle

(Voir page 410.)

NASITOR.

Lepidium sativum. L.

NELUMBO ÉLÉGANT

Nelumbium speciosum (Willdenow)

(NÉLUMBIACÉES.)

La plante entière, montrant des fleurs à divers degrés de développement, ainsi qu'un fruit mûr, au $1/6$ de grandeur naturelle.

(Voir page 415.)

NELUMBO ÉLÉGANT.

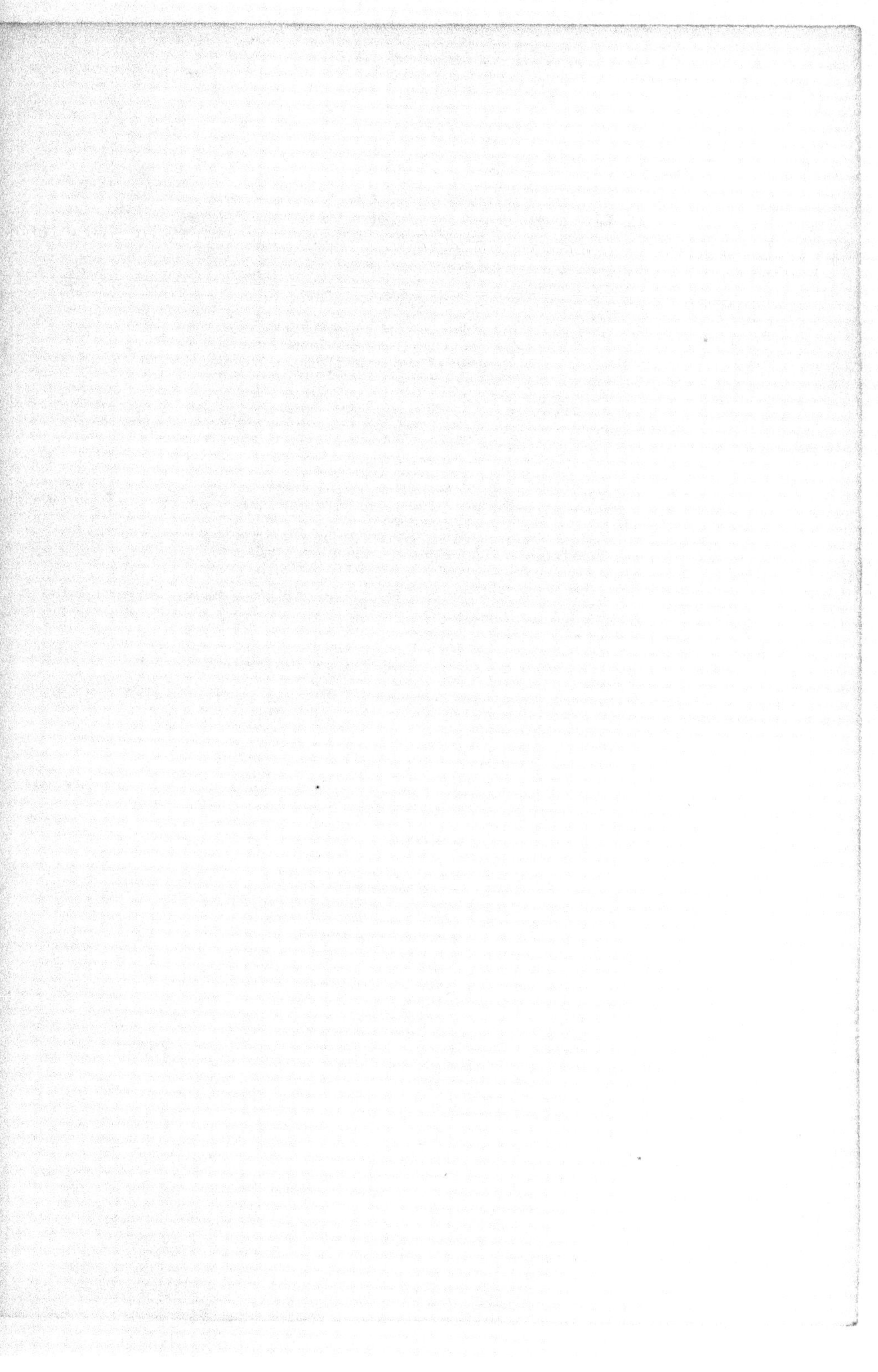

NÉNUPHAR JAUNE

Nuphar lutea (Smith.) *Nymphæa lutea* (Linné)

(NYMPHÉACÉES.)

La plante entière, montrant des fleurs à divers degrés de développement, au ¹/₄ de grandeur naturelle.

(Voir page 418.)

NÉNUPHAR JAUNE.

NERPRUN PURGATIF

Rhamnus catharticus (Linné)

(RHAMNÉES.)

L'arbre entier, au $^1/_{30}$ de grandeur naturelle.

1. — Rameau, portant des feuilles et des fleurs, au $^1/_8$ de grandeur naturelle.

2. — Fleur, de grandeur naturelle.

3. — La même, grossie.

4. — Fruit mûr, de grandeur naturelle.

5. — Le même, coupé transversalement, et laissant voir les nucules ou noyaux qui renferment les graines.

6. — Un nucule, isolé et grossi.

(Voir page 425.)

NERPRUN PURGATIF,

Rhamnus catharticus L.

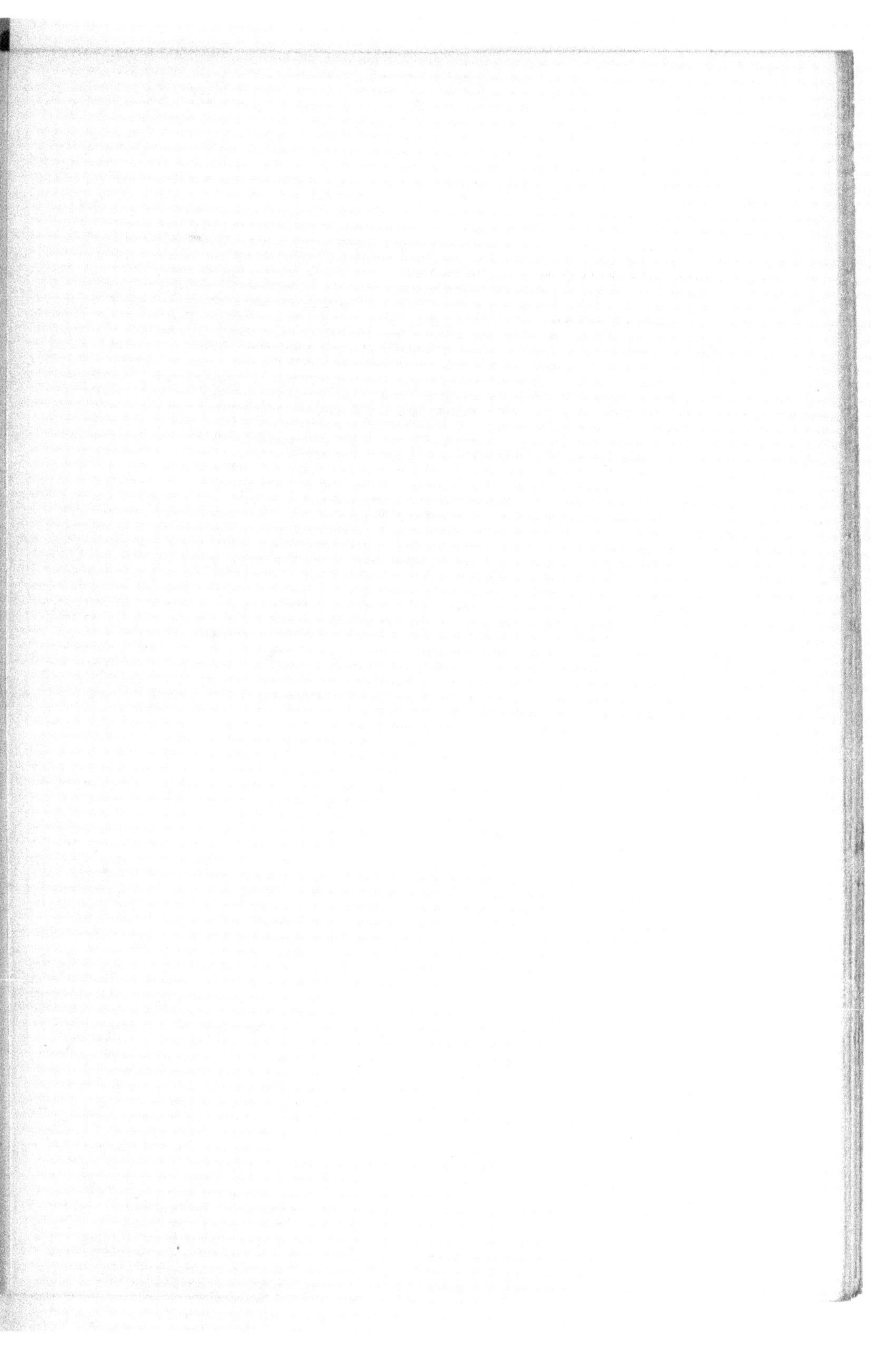

NIGELLE DES CHAMPS

Nigella arvensis (Linné)

(RENONCULACÉES-HELLÉBORÉES.)

La plante entière, montrant des fleurs à divers degrés de développement, à $^1/_2$ de grandeur naturelle.

(Voir page 428.)

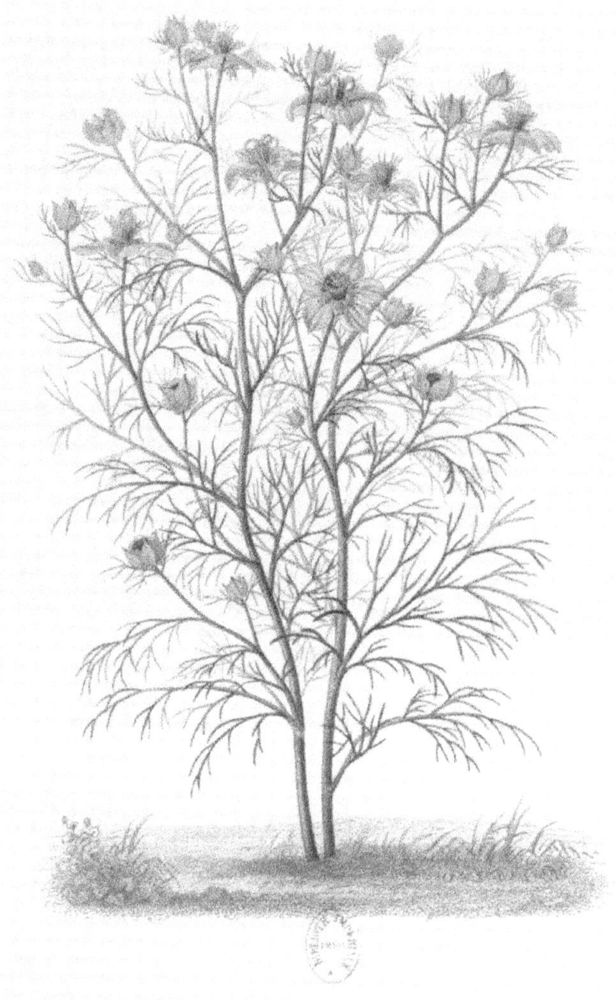

NIGELLE DES CHAMPS

Nigella arvensis L.

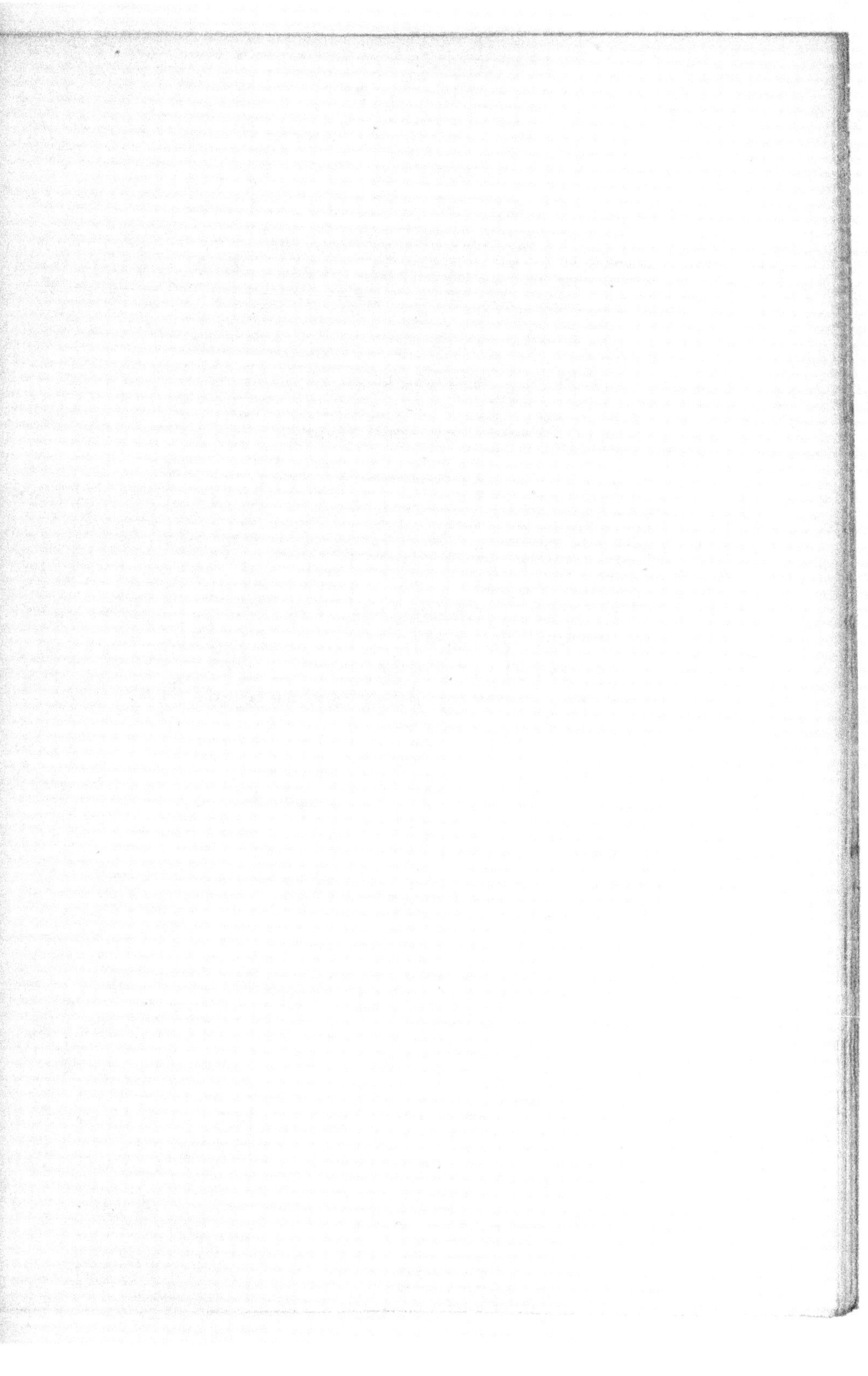

NOIX VOMIQUE

Strychnos nux vomica (Linné)

(APOCYNÉES-STRYCHNÉES.)

———

L'arbre entier, au $1/_{30}$ de grandeur naturelle.

1. — Fleurs, de grandeur naturelle.

2. — Fruit mûr, $1/_2$ de grandeur naturelle.

3. — Le même, coupé transversalement, et laissant voir les graines.

4. — Graine, de grandeur naturelle.

(Voir page 430.)

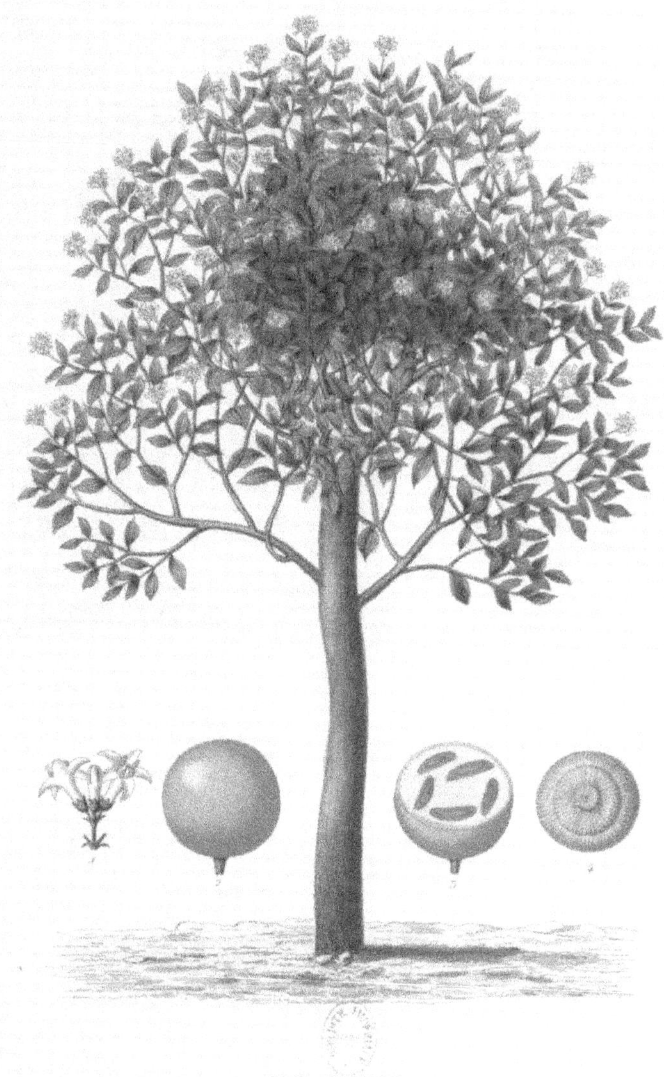

NOIX VOMIQUE.

Strychnos nux vomica L.

NYMPHÉA BLANC

Nymphæa alba (Linné)

(NYMPHÉACÉES.)

La plante entière, montrant des fleurs à divers degrés de développement, ainsi qu'un fruit, au $^1/_5$ de grandeur naturelle.

(Voir page 440.)

NYMPHÉA BLANC.

Nymphæa alba, L.

OEILLET

Dianthus caryophyllus (Linné)

(CARYOPHYLLÉES-DIANTHÉES.)

———

La plante entière, en fleurs et en fruits, au $^1/_3$ de grandeur naturelle.

1. — Fleur, coupée longitudinalement, pour montrer les organes sexuels, aux $^2/_3$ de grandeur naturelle.

2. — Fruit mûr, de grandeur naturelle.

3. — Le même, coupé transversalement.

(Voir page 444.)

ŒILLET.

Dianthus caryophyllus. L.

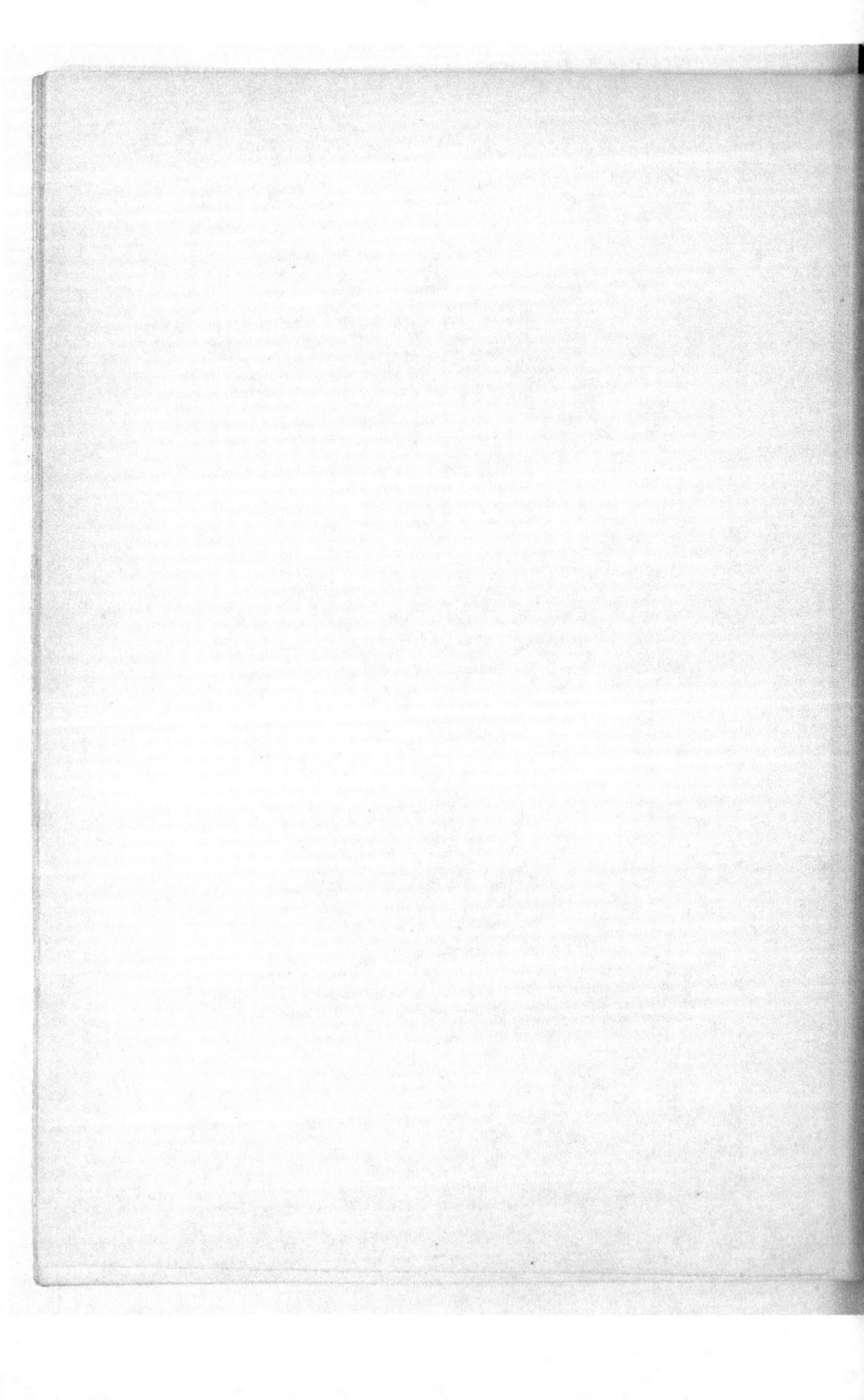

ŒNANTHE SAFRANEE

Œnanthe crocata (Linné)

(OMBELLIFÈRES-SÉSÉLINÉES.)

La plante entière, en fleurs, au $\frac{1}{6}$ de grandeur naturelle.

1. — Fleur fertile, très-grossie.

2. — Fleur stérile, très-grossie.

3. — Fruit (diakène), très-grossi.

4. — Graine, très-grossie, vue par sa face externe.

5. — La même, vue par sa face interne.

6. — Racine, très-réduite.

(Voir page 445.)

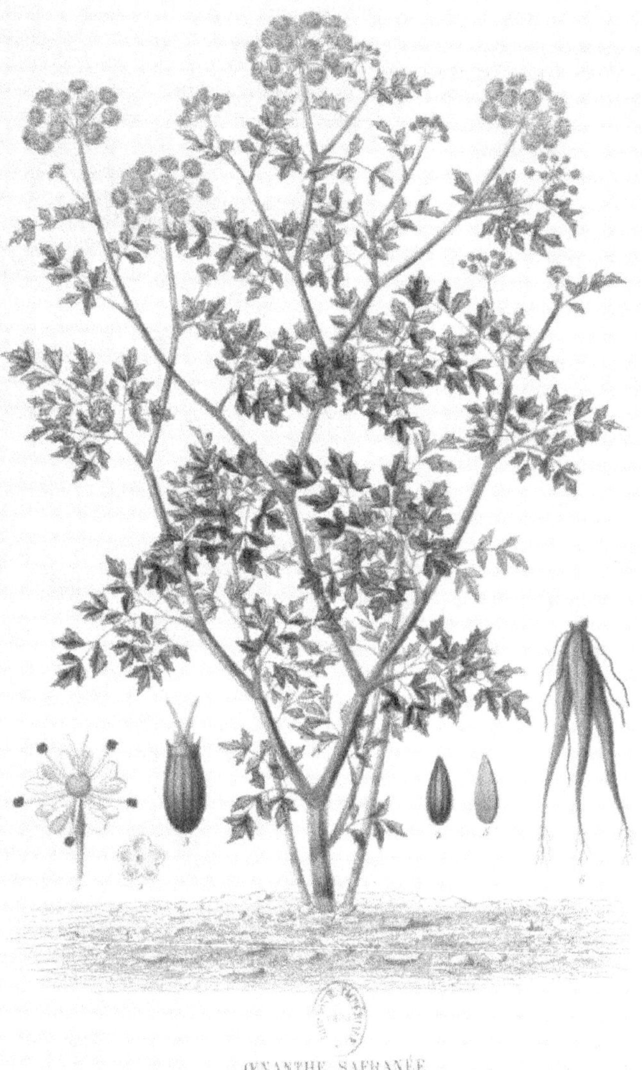

OENANTHE SAFRANÉE.
Œnanthe crocata, L.

ORCHIS

Orchis mascula et *morio* (Linné)

(ORCHIDÉES-OPHRYDÉES.)

---

1 — Orchis mâle (*Orchis mascula* Linné), la plante entière, $\frac{1}{2}$ de grandeur naturelle.

2. — Bulbe frais, de grandeur naturelle.

3. — Bulbe sec, de grandeur naturelle.

4. — Orchis morion (*Orchis morio* Linné), la plante entière, $\frac{1}{2}$ de grandeur naturelle.

5. — Bulbe frais, de grandeur naturelle.

6. — Bulbes secs, de grandeur naturelle.

(Voir page 464.)

ORCHIS MÂLE.   ORCHIS MORION.
Orchis mascula, L.   *Orchis morio, L.*

OSMONDE ROYALE

Osmunda regalis (Linné)

(FOUGÈRES-OSMONDÉES.)

———

La plante entière, montrant trois rameaux à divers états de développement, au $^1/_8$ de grandeur naturelle.

1. — Sporanges ou capsules, mûres.

2. — Une sporange isolée, très-grossie.

3. — Spores (corps reproducteurs), grossies.

(Voir page 483.)

OSMONDE ROYALE.

Osmunda regalis L.

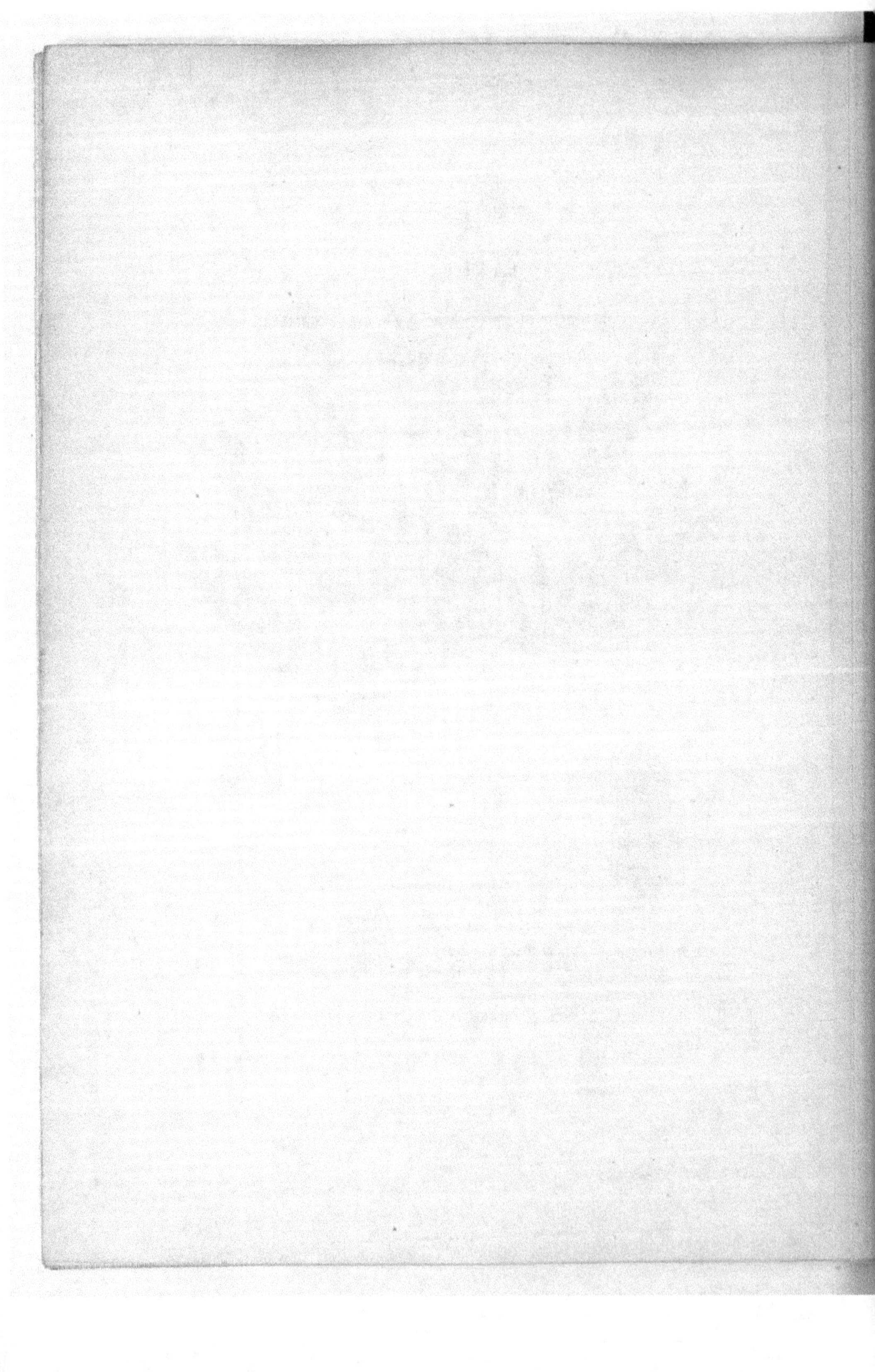

TABLE

DES PLANCHES ET FIGURES CONTENUES DANS L'ATLAS DEUXIÈME

DE LA FLORE MÉDICALE